和家
好好相处 ❷

志邦家居设计研究院　编著

本书编委

刘国宏　王梦然　吴志文　张　坤　李文馨　董莉莉
鲍远丽　王小强　曹梦薇　陈　茹　姜　楠

江苏凤凰科学技术出版社 · 南京

图书在版编目（CIP）数据

和家好好相处．2 / 志邦家居设计研究院编著．--
南京 ：江苏凤凰科学技术出版社，2021.11
ISBN 978-7-5713-2444-5

Ⅰ．①和… Ⅱ．①志… Ⅲ．①住宅－室内装饰设计
Ⅳ．①TU241

中国版本图书馆CIP数据核字(2021)第202004号

和家好好相处2

编　　著	志邦家居设计研究院
项目策划	凤凰空间/翟永梅
责任编辑	赵　研　刘屹立
特约编辑	翟永梅
出版发行	江苏凤凰科学技术出版社
出版社地址	南京市湖南路1号A楼，邮编：210009
出版社网址	http://www.pspress.cn
总　经　销	天津凤凰空间文化传媒有限公司
总经销网址	http://www.ifengspace.cn
印　　刷	河北京平诚乾印刷有限公司
开　　本	710 mm×1 000 mm　1 / 16
印　　张	12.5
字　　数	100 000
版　　次	2021年11月第1版
印　　次	2021年11月第1次印刷
标准书号	ISBN 978-7-5713-2444-5
定　　价	78.00元

图书如有印装质量问题，可随时向销售部调换（电话：022-87893668）。

序

PREFACE

在定制家具行业深耕二十几年，我始终坚信，好的设计必定源自生活，定制家具产品更不能和居住空间脱节，失去生活的温度。这也意味着，只有基于空间和生活习惯设计的定制家具产品，才是恰当的、符合生活需求的。

志邦家居股份有限公司成立家居设计研究院，就是为了把国人的居家生活习惯和定制家具产品紧密结合，将更加全面、更能提升家居生活品质的研究成果分享给大家。对此，研究院团队每年都要进行大量的户型设计，接触不同的客户群体，为不同年龄、人口结构的家庭提供居住方案，这也为总结家居设计方法、提升生活质量奠定了基础。

2020 年，志邦家居设计研究院编著并出版了第一本图书《和家好好相处——家居生活设计指导》，在设计师和行业内都引起了一定的反响。书中侧重于介绍居家布局、定制柜设计和软装陈设，搭建全面系统的知识体系。2021 年又编著了本书，即此系列的第二本图书，书中结合时下居住需求的变化与趋势，总结了老房改造、适老家居设计、精装房深化设计、宠物家庭居家环境等更具体的家居主题，旨在向用户、从业设计师及室内设计行业传递研究成果，帮助用户解决居家生活中的实际问题。同时对志邦设计师团队来说，能够增强其对家和生活的理解，以更懂生活的专业设计为千万用户提供更好的生活提案。

读了“和家好好相处”系列的两本书，我也从用户的角度，结合自身居家生活去理解书中的见解。我家里最近也在装修，刚好从中获得了一些改善家居空间的灵感。改造房子并不容易，但如果能为一家人创造美好居住环境和条件就值得为之付出努力。不同的阶段，家都需要做适度变化，空间有限但创造美好生活的价值无限，这样才能保持对生活的热情。希望大家从这两本书中获得一些对“居住”的启发，并把那些有触动的想法付诸行动，生活一定会给予您美好的回馈。

我国的经济在飞速地发展，衣食住行都有了质的飞跃，消费者对居家生活也有了更深层次的追求。志邦家居设计研究院也将持续地分享研究成果，而志邦作为定制行业的专业品牌，也会把企业的成长和大众的需求进行有机的结合，帮助更多人实现对家的美好想象。

——志邦家居联合创始人 孙志勇

前言

INTRODUCTION

很高兴今年带着“和家好好相处”系列的第二本书再次与大家见面，这一次我们将聚焦大家关心的一些家居热门话题，继续和大家聊聊“家”的这点事儿。

最初我们是通过一些新媒体平台来分享家居设计经验，也结识了很多有趣的朋友。2020 年，我们把自己的心得和方法做了总结，编著了第一本书《和家好好相处——家居生活设计指导》，有幸将和家好好相处的智慧传递给了更多朋友。这次我们再次出发，用更长的时间、更有趣的方式来好好编著这本新书。

说到我们这群编著者，有专注家居设计十几年的，也有喜欢自己折腾家的。我们大都自己经历过装修，深知不易，当然，也都不可避免地不同程度地“踩过坑”。没错，现在你们有很多途径了解各种装修知识，但是从繁杂的信息中获得自己想要的、够实用的，其实也并不简单。不过我们始终相信，你们有把家打理得井井有条的能力。

家的样子有无数种，我们见过简单布置就入住的“毛坯风”，也见过花重金打造的“豪宅风”，但不论是哪一种，都是屋主自己用心经营的生活。也正是因为我们设计和见证了无数的家，才能把这些简单实用的方法分享给大家。

动线不合理，居家生活总是手忙脚乱?

“横厅”户型大流行，适合我吗?

如何轻松解决家务烦恼?

天天说收纳，你真的知道怎么收纳吗?

定制柜大流行，怎么做才好用?

喜欢的颜色不知道怎么用到家里?

精装房不满意，如何设计深化?

买了老房，就一定要将就住吗?

爸妈的养老房，你考虑过吗?

加入“铲屎官”大队，你准备好了，家准备好了吗?

想知道答案，就翻开这本书，它能给正苦恼如何装修家的你们一些灵感和思考。轻松学习打造一个家，一起慢慢探索吧!

——志邦家居设计研究院

目录
CONTENTS

第1章

家居动线指挥官，
让你拥抱井井有条的生活

「访客、家务、起居动线，通通安排」

家是一个小型网络交通系统，家居动线规划就像交通指挥系统，合理布局，才能让身处其中的人享受顺畅的生活。

三大家居动线

▶ 1.手忙脚乱的家庭“早高峰”

从起床开始，家里的“交通”系统就繁忙地启动了。卧室、卫生间、厨房、客餐厅、入户门厅，家人在这几个空间里来回穿梭。区区几件例行的生活小事，若安排不好，就会搞得人手忙脚乱。

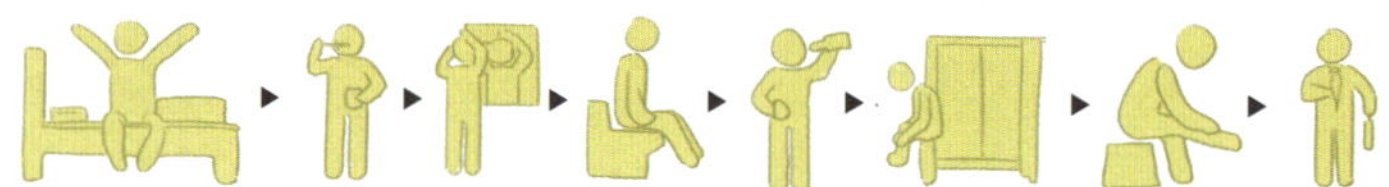

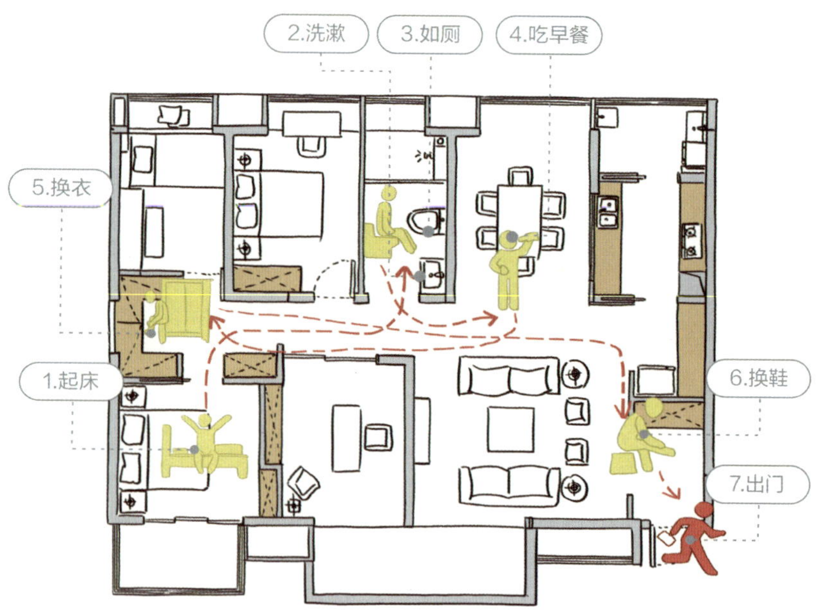

▶ 2.家居动线

吃饭、睡觉、洗衣、打扫卫生等为完成家居活动走动的路线，就是家居动线，这些动线组成了小型的家庭交通系统。通常按照生活习惯，家里的主要动线有访客、家务和起居3条。

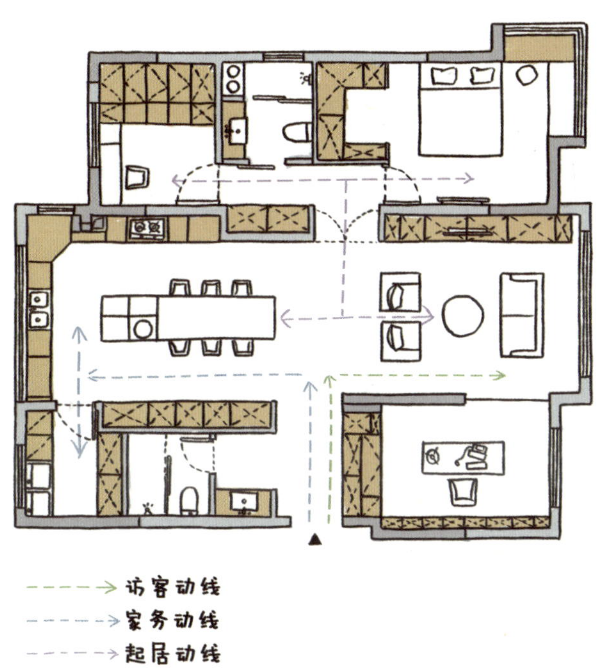

访客动线	家务动线	起居动线
客人来访时在家里的活动路线，主要涉及客餐厅、卫生间。	做家务时的动线，如做饭、打扫卫生、洗衣服，主要涉及厨房、卫生间、阳台等。	家人日常生活起居的活动路线，几乎涉及家里的各个空间。

家居动线三大设计原则

原则一 尽量不交叉

三大动线，特别是访客动线和起居动线，尽可能避免交叉，这样可以减少交集，互不干扰。

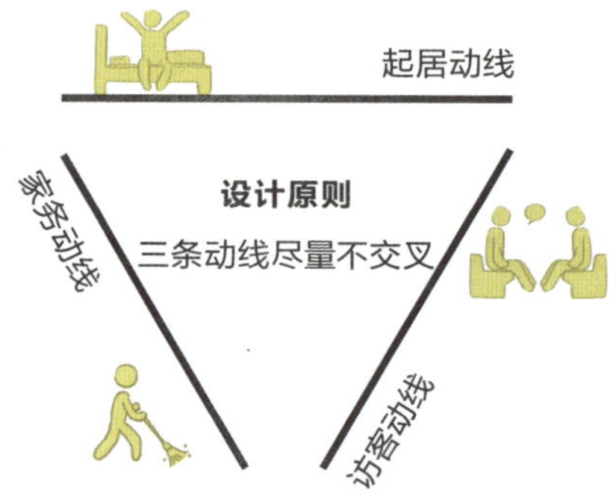

原则二 动线越短越好

动线越短，生活越便利，特别是家务动线的设计，少走路多办事，省心省力。

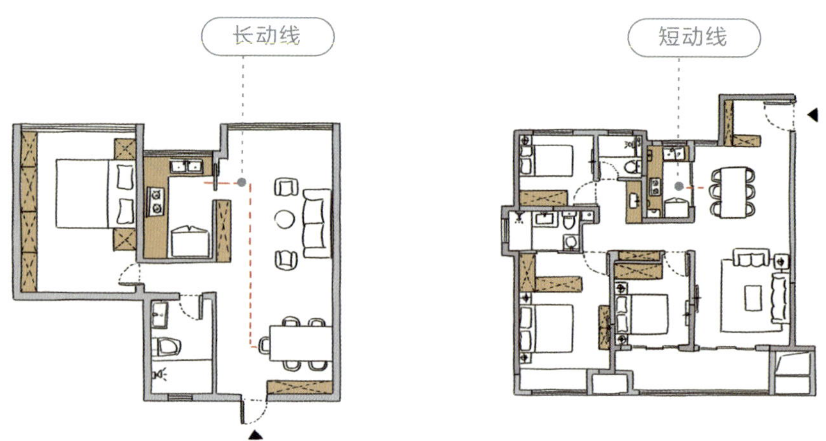

原则三　动静分区要明确

动静区分隔明确，各自区域相对集中，减少干扰。家里有老人和孩子的，分区尤其重要。

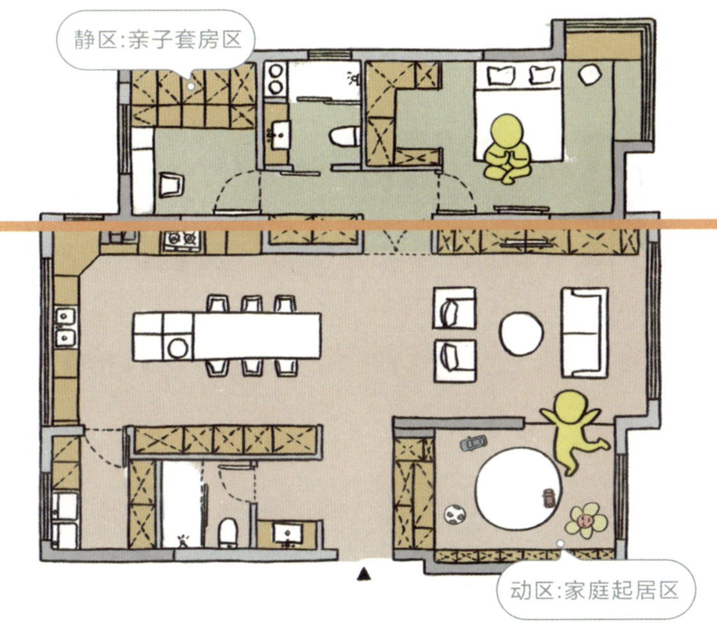

家务动线和起居动线的规划很大程度上影响居家生活的便利性和效率，也是家居动线设计中比较容易出问题的地方。下面通过一些实际案例来看看如何进行动线优化。

家务动线优化案例

案例一 厨房内部操作动线

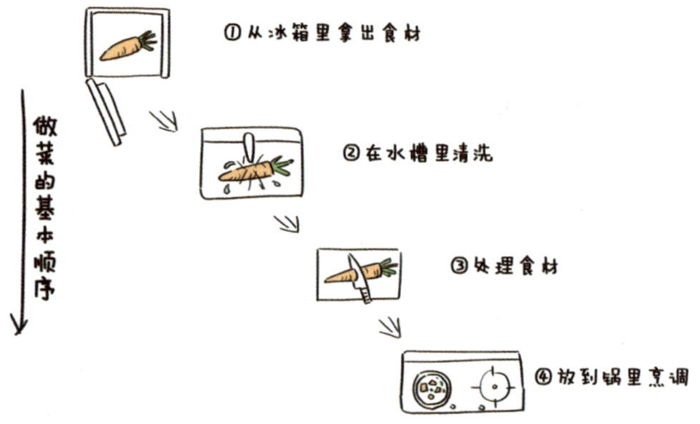

依据烹饪的基本顺序，不管是L形厨房、U形厨房还是二字形厨房，动线设计都可以遵循洗、切、烧的“黄金三角”原则，按照一个方向的顺序来操作，避免来回走动，省时省力。

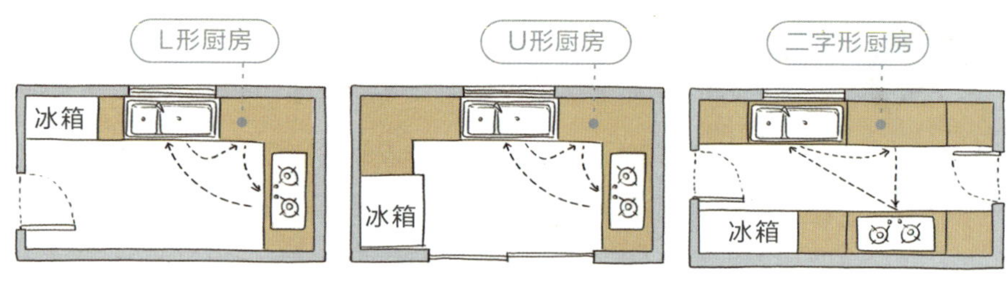

案例二 入户、餐厨的动线

改造前，入户储藏空间不足，动线单一；改造后，形成完整的玄关区，增加收纳空间。入户区主人与客人可以分流，主人外出归来从左侧洗手清洁，然后进厨房放下采购的物品。餐厨一体，洄游动线的设计可以容纳多人帮厨。

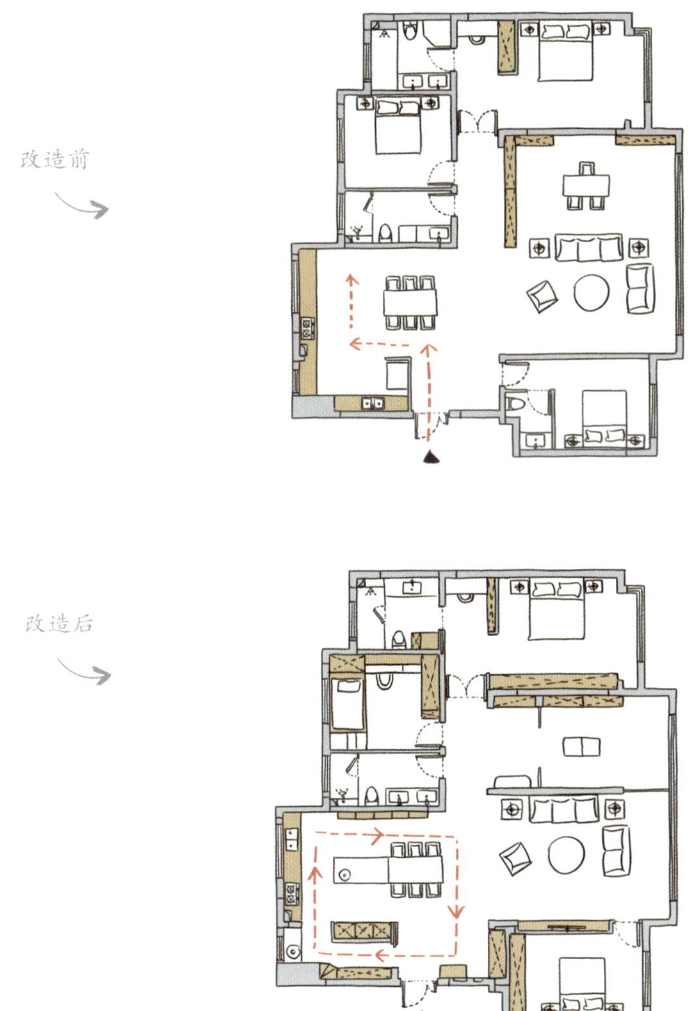

案例三 卫生间内缩，让出空间打造家政区

在家政区洗衣、打扫卫生，除了要解决操作便捷的问题，还要解决工具收纳的问题。如果把所有动作和收纳集中到一起，就能避免全屋来回跑，提升家务劳作效率。

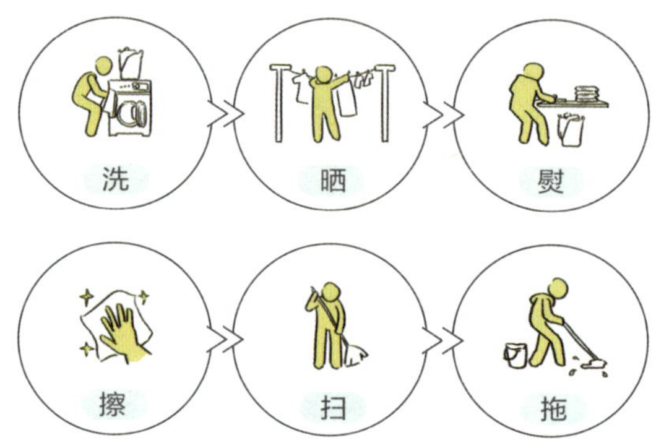

将洗衣、干衣、整理以及工具收纳都集中在独立家政区，一个空间全搞定。原本的阳台释放给厨房，餐厨一体美观实用。

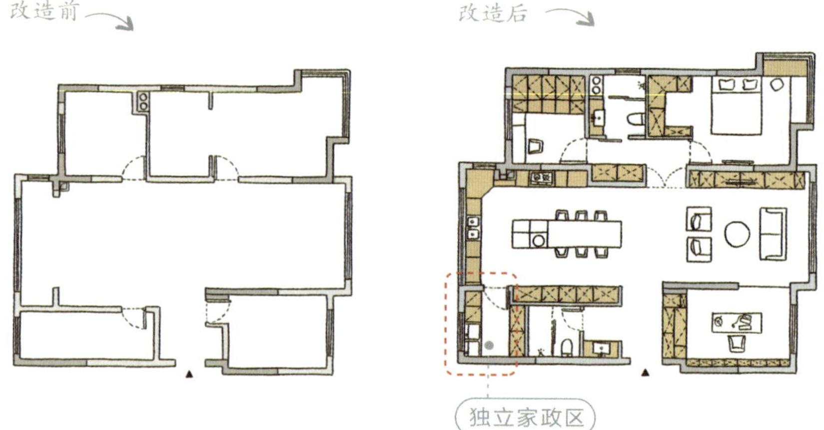

案例四 重新规划入户厨房，打造独立洗衣房

原位于入户右边的厨房比较小，而且缺少入户收纳空间。通过墙体拆改，厨房内移，在原厨房位置设计入户储藏间和洗衣房。将家政区和收纳空间整合在一起，避免来回重复走动。

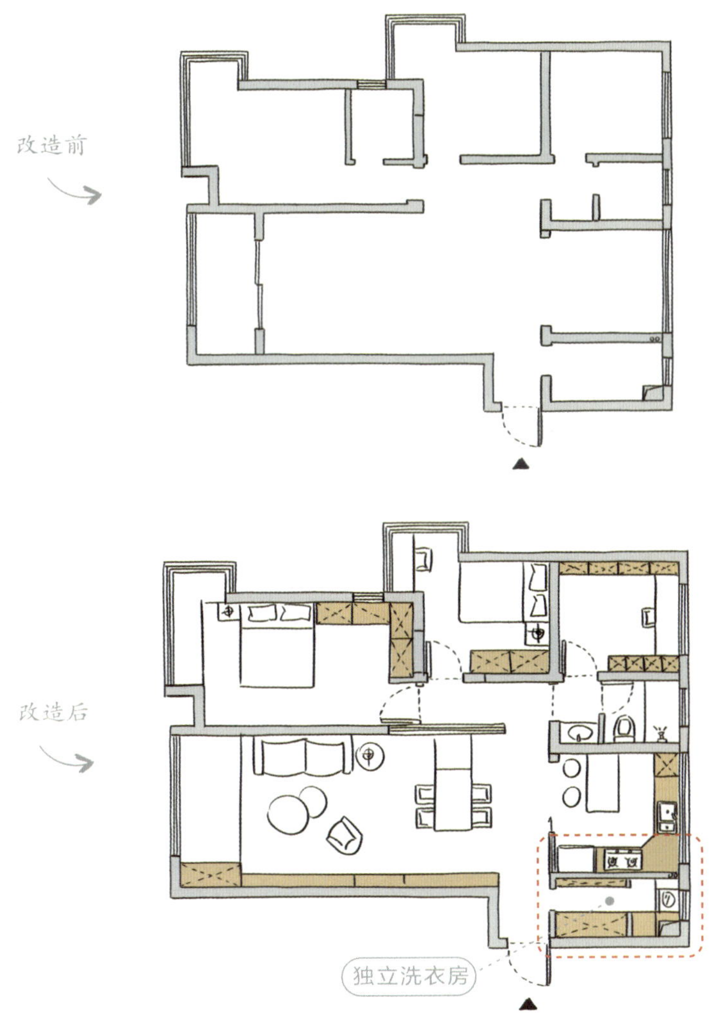

起居动线优化案例

案例一 卧室、衣帽间、书房的洄游动线

通过新建墙体打造走道式衣帽间，书房和卧室双开门形成洄游动线，并借助书房增加衣帽间的采光，将主卧门从正对过道改到侧边，隐私性也更好。

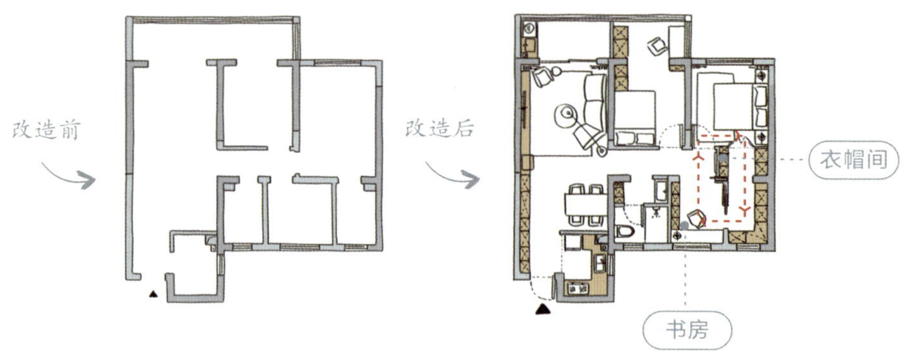

案例二 主卫开放公用，生活更便利

原始户型两个卫生间距离较远，在家庭人口较多（夫妻+父母+两孩）的情况下，将原主卫门改为朝中间开，可以供主卧和儿童房中的人共同使用，缓解客卫的使用压力。

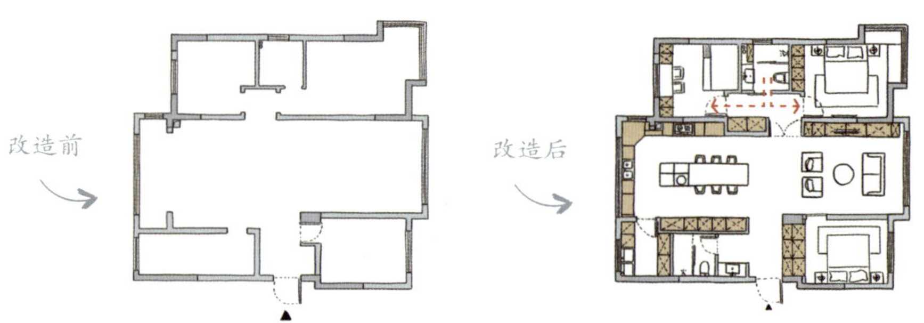

案例三 改造别墅楼梯，优化家居动线

改造前，楼梯位于一楼客厅的黄金位置，不利于客厅整体规划，并占据了部分采光位。从一楼到负一楼或二楼距离较远。

改造前

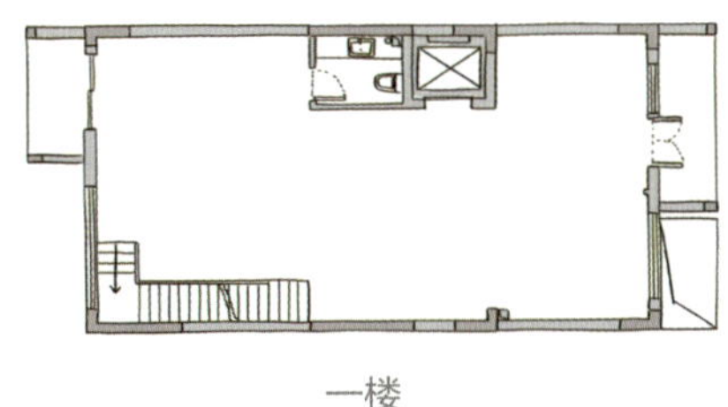

一楼

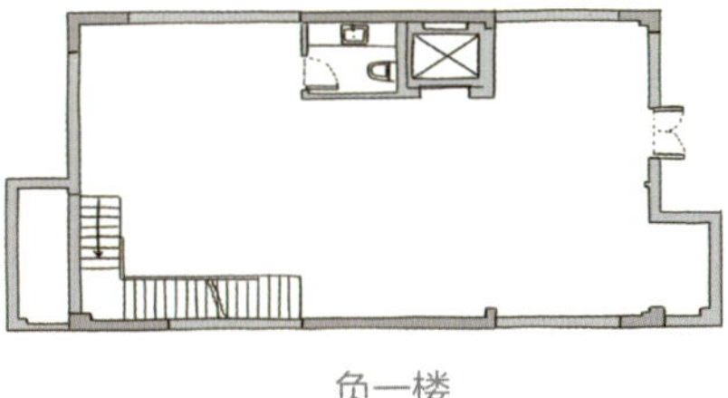

负一楼

改造后，楼梯靠近入户，可以直接进入客厅或者继续上楼，实现分流的同时又保证了其他空间的开阔性和完整性。

改造后

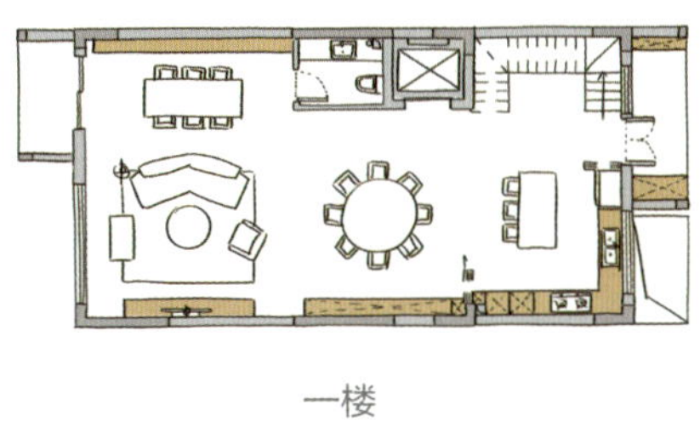

一楼

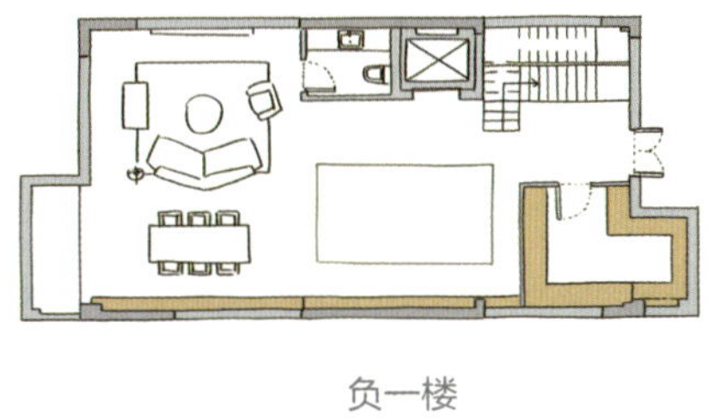

负一楼

规划动线就是规划居家生活，好的设计能带来日常活动的顺畅感。切记把你和家人的生活场景详细告诉设计师，这样你才能知道设计师的方案符不符合你的生活习惯。

家里的「交通」不堵塞，
居家生活也不再让人手忙脚乱。
和家
好好相处

第2章

什么家庭条件啊，做这么“横”的客厅

「多种横厅设计形式，你值得拥有！」

备受青睐的横厅户型，采光、视野都是向往的样子，结合生活习惯利用才不辜负好户型。

什么是横厅？

住宅公共空间主采光面纵向的两个相邻墙体间的距离为**开间**，与之垂直的距离为**进深**。一般横厅的开间基本大于4 m。

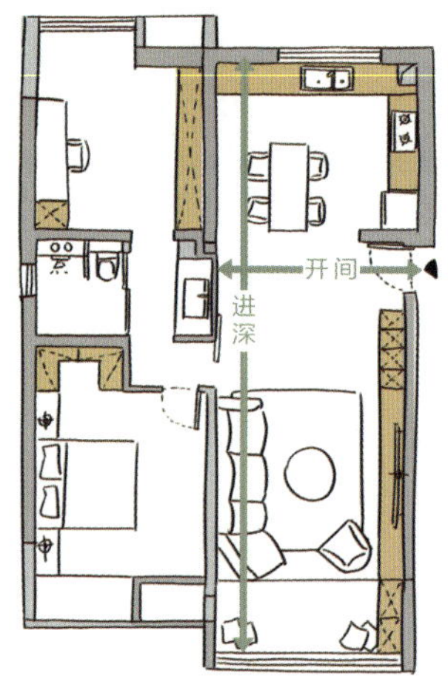

开间小于进深=竖厅

当**开间小于进深**时，客厅属于狭长形，就是所谓的**竖厅**。

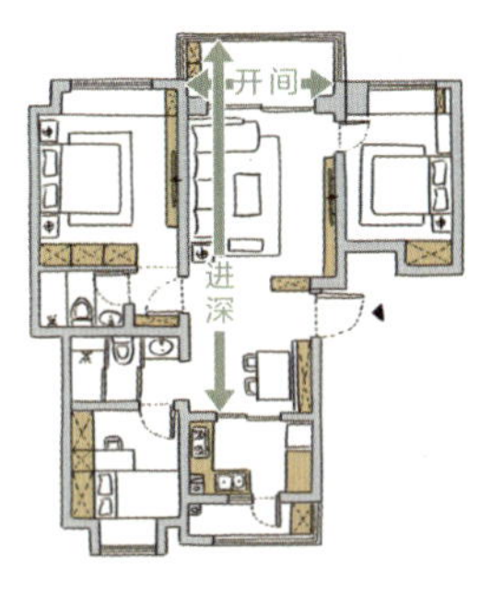

开间大于进深=横厅

当**开间大于进深**时，客餐厅融合在一个空间里，没有明显的分界线，就是常说的**横厅**。

横厅凭什么“火”了？

▶ 1.放大空间

近些年备受青睐的大平层通常就是横厅布局，空间开阔，同样面积下横厅会比竖厅更显大。

▶ 2.视野好，采光好

横厅开间大，进深小，后期通过设计手法加持，整个空间的明亮度和舒适度会更好，同时还能扩大观景视角。

▶ 3.满足社交互动的需求

开放的空间，为一家人良好地交流互动提供了更多可能。横厅空间的设计形式更加丰富，能更好地满足家庭成员的需求。

▶ 4.空间利用率更高

一般在横厅户型中，走道空间可以共用且没有明显的区域划分，既能节省空间，又能扩大公共区域的客餐厅面积。

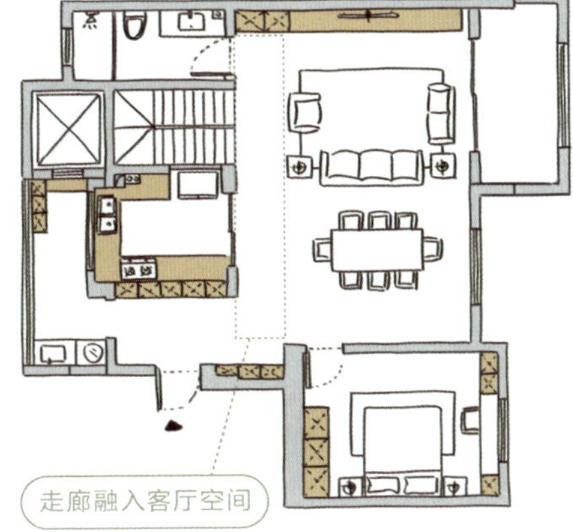

挑选横厅户型也不能大意

▶ 1.楼层低和楼间距过小的户型尽量不选

楼层低和楼间距小都会造成采光不良的问题，这样原本横厅的采光优势就白白浪费了。

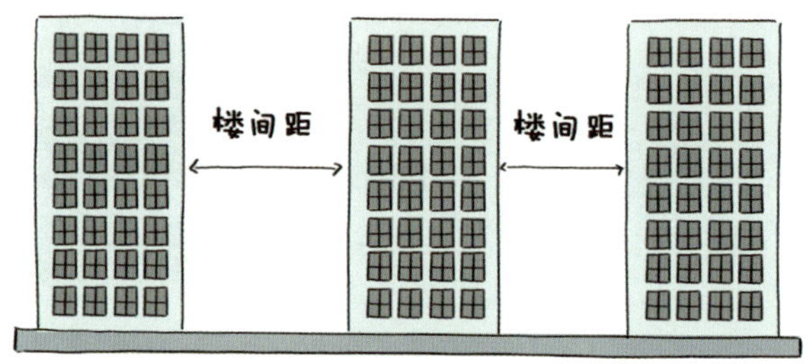

▶ 2.南向横厅优于东西向横厅

朝东的横厅，早晨日照充沛，下午就会较昏暗；朝西的横厅，夏天西晒问题严重，这个时候横厅反而会放大朝向的瑕疵。因此，有条件的话尽量选择南向横厅。

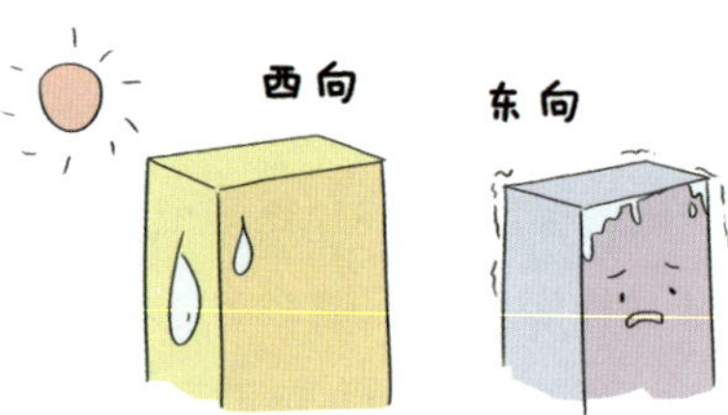

▶ 3.别错过江景、园景房的横厅

横厅可以扩大客厅的观景视野，将窗外的景致一览无余。

横厅布局如何“出圈”？

竖厅受开间限制，电视机和沙发一般都要靠墙摆放。但横厅得益于开间大，电视机和沙发不靠墙也没问题，可以有更多样的设计方式。

▶ 1.客厅+餐厅

客厅是大开间横厅，可以做客厅+餐厅的布局，利用沙发和定制柜，软性划分客餐厅区域。

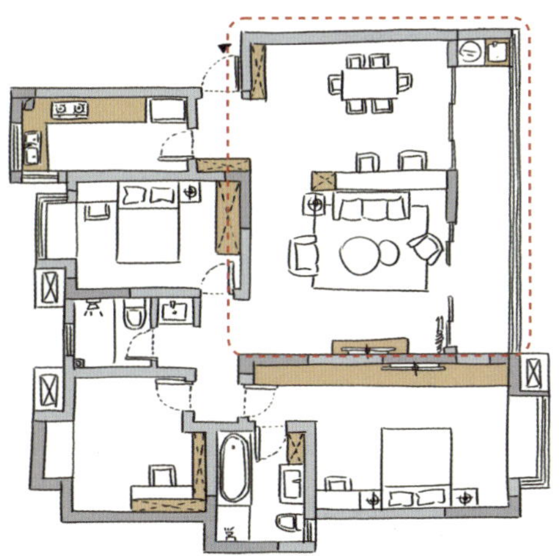

沙发背靠定制柜，高度在1m左右，能给人带来安全感，也弱化了顶上梁体的突兀感。

超长的定制柜可以作为临时办公桌，视线相通，不妨碍家人之间的交流沟通。

对于面积较小的横厅来说，餐厅与客厅之间可以布置坐凳，取代独立餐椅，以节省空间。

▶ 2.LDK设计：客厅+餐厅+厨房

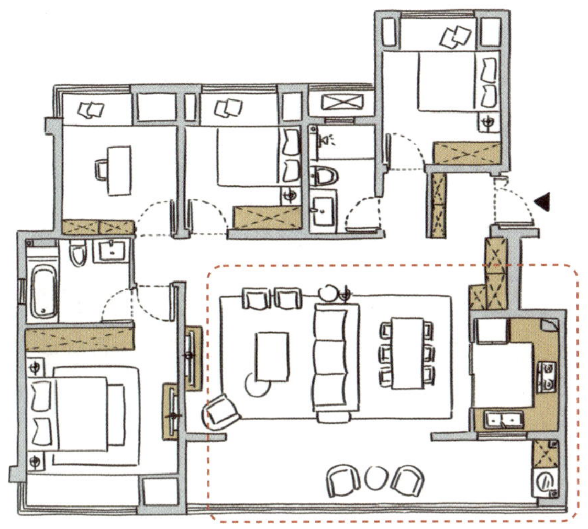

L: Living room，客厅；D: Dining room，餐厅；K: Kitchen，厨房。

LDK可以理解为客餐厨一体化设计。

客餐厨在一条线上，通过沙发软性划分客厅和餐厅区域。一家人在整个横厅区域活动，动线、视线无阻碍，使用场景更多样。

LDK的另外两种设计形式

1 餐厅融入客厅 可以布置更多收纳空间，更适合大开间的横厅布局。

2 餐厅和西厨结合 客餐厅是横厅，厨房在横厅北侧，在餐厅引入西厨后大大缩短餐厨动线。

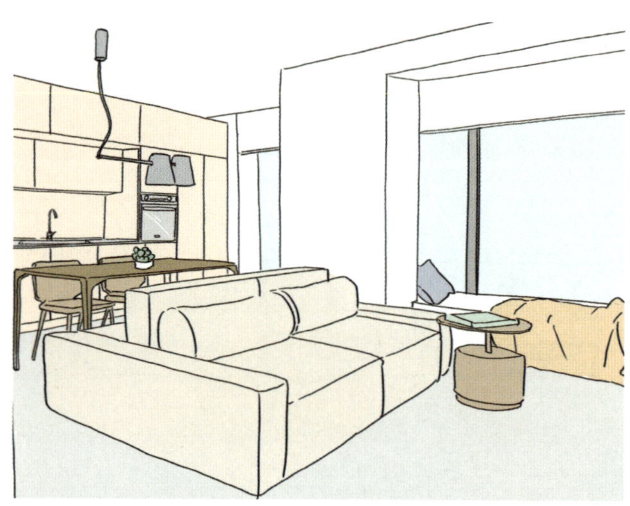

3.客厅+休闲区

在整个房子里，餐厅可以安排在靠近厨房的空间，因此横厅的空间可以布置其他的功能区。

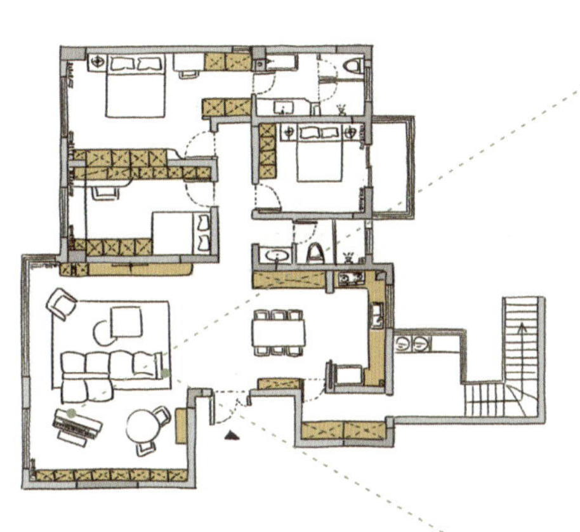

钢琴房

在沙发背后区域设计一个钢琴房，平时就是主人练琴的地方。钢琴背后的背景墙收纳柜很好地解决了部分家庭收纳的问题。

亲子区

因为沙发是软性划分客厅和钢琴区，所以沙发位置也可调整成靠窗摆放，给孩子腾出更大的玩耍空间。

沙发靠窗摆放时，不建议选择过高的沙发，以免影响空间采光。

▶ 4.客厅+书房

客厅开间够大的话，加入书房功能也是不错的选择，在日常生活中很实用。

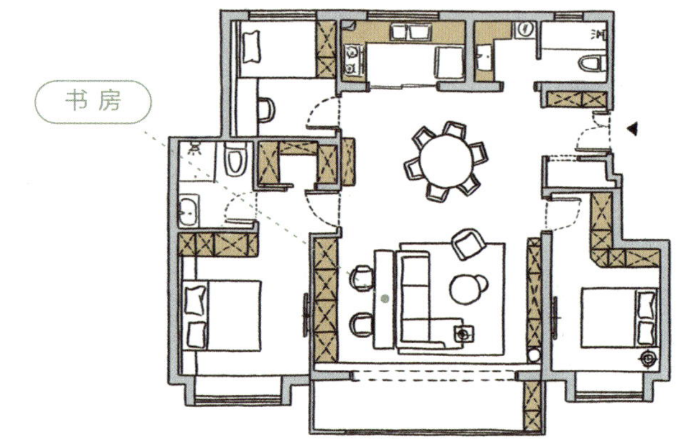

横厅真的完美无缺吗？

1.保温隔热、隔声问题

横厅的优势是采光面积大，也意味着有大面积窗户，保温隔热和隔声效果相对于实墙肯定差一点。

如何解决？

1 选对材料 窗框和玻璃选隔热、隔声好的，窗框的材质中断桥铝优于铝合金优于塑钢，两层或两层以上的中空玻璃能更好地隔热、隔声。

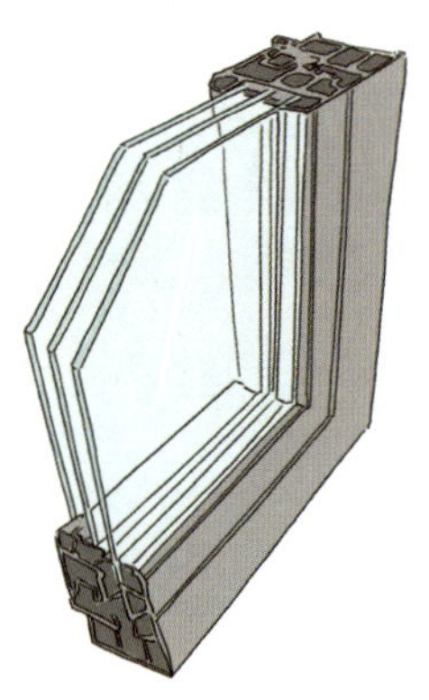

2 选好窗帘 窗帘也是影响保温隔热、隔声效果的一个重要因素，建议选择天鹅绒、涤纶、亚麻等材质；同等条件下，窗帘的材质越厚，隔热、隔声的效果越好。

▶ 2.横梁问题

受建筑结构要求所限，横厅上方很可能会有属于承重结构的横梁，美观度不佳。

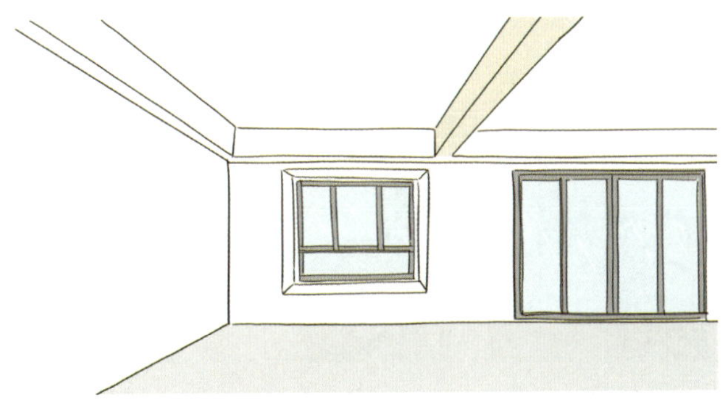

如何解决？

1 梁扁平化

通过顶棚装饰的方法让横梁变宽，削弱锋利感，将阳角变为阴角，增加层次感。

2 布置柜子/半墙

在梁下方设计柜子，或以半墙来划分空间，把人的视线从横梁上引开。

3 布置投影仪/电视机

既增加了观影功能，又弱化了横梁的压迫感。

采用实体墙做隔断，沙发不易跑，但在一定程度上限制了客厅布局，后期不易更改。

横厅赋予了空间多种可能，
使之能够适应不同的生活方式。
如果你家是横厅户型，
尽情布置吧！

第3章

1 m^2家政区，想不到的地方竟然都能安排

「入户、餐厅、过道……，轻松搞定家政区」

1 m^2的空间就可以解决洗衣、干衣、熨烫、储物的难题？

这里有标准答案，照抄就行！

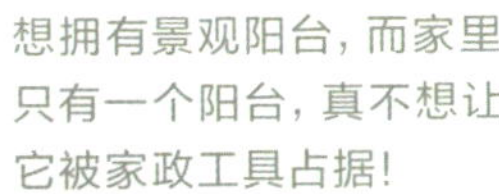
想拥有景观阳台，而家里只有一个阳台，真不想让它被家政工具占据！

01

当初想要超大家政间，现在觉得大可不必！
02

我家户型超小，忽略了家政区的规划，现在入住跑断腿，每天微信步数轻松破1万！

03

谁说家政区就要很大，现在就给你们上一课！

没有家政区真的很尴尬

▶ 1.家务的分类

一般来说，家务主要分为以下两种：

做家务最好的方式是集中在一个区域进行，也就是打造家政区。但很多人在装修布局阶段，往往会忽略家政空间，导致入住后只能插空做家务。

▶ 2.家务劳动中可能存在的麻烦

洗衣、晾晒过程中你可能会遇到：

在卫生间 / 北阳台洗衣服，却要跑到南阳台晾晒。

借用餐厅 / 书房台面熨烫，再回到卧室叠衣。

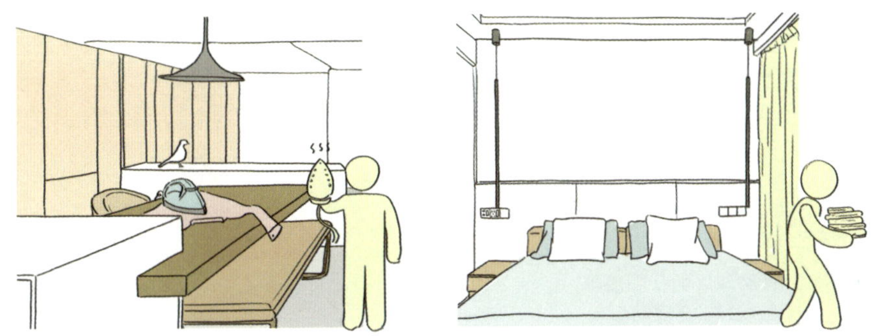

室内打扫过程中你可能会遇到：

工具繁多，因无处收纳而散落到各个地方。

解决家务劳动效率低的秘诀就是集中

想要家务劳动高效快捷，可以把上文中提到的家政行为集中在同一个空间进行。我们可以把此空间统称为家政区。

你们担心的都不是事儿，可以了解一下“水系家政”和“电系家政”。

传统的水系家政 对比 现代化的电系家政

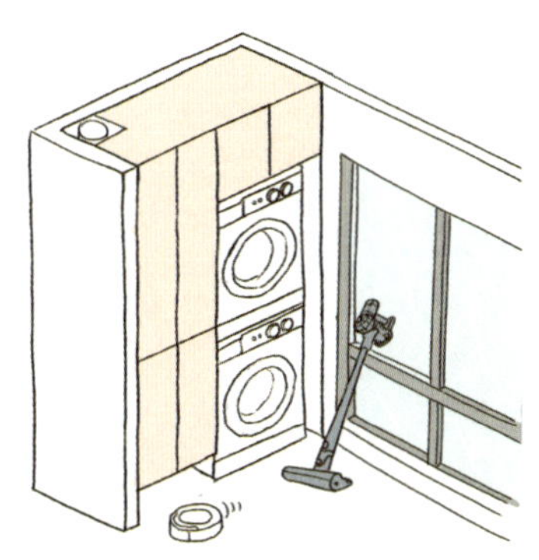

传统的水系家政	现代化的电系家政
• 水池边，搓衣板，反复漂洗	• 洗衣机一键搞定
• 阳台晾晒，有水渍，遮挡风景	• 烘干机高效杀菌除螨
• 如果没有拖把池，拖地时，淋浴房或阳台会被弄得又脏又湿	• 带有拖地功能的扫地机/吸尘器

随着电系家政的发展，我们的家政思维、家政行为以及家政动线都逐渐发生了变化，由此可以规划出满足一系列需求的完整的家政活动区域。

将洗衣、干衣、熨烫、叠衣的场所与清洁用具收纳、储备用品收纳整合在一起，最小仅需1 m²即可。

1 m²的空间里，应该解决哪些家政功能？

▶ 1.洗衣、干衣

首先放置洗衣机、烘干机，叠放还是并排放根据空间大小选择。

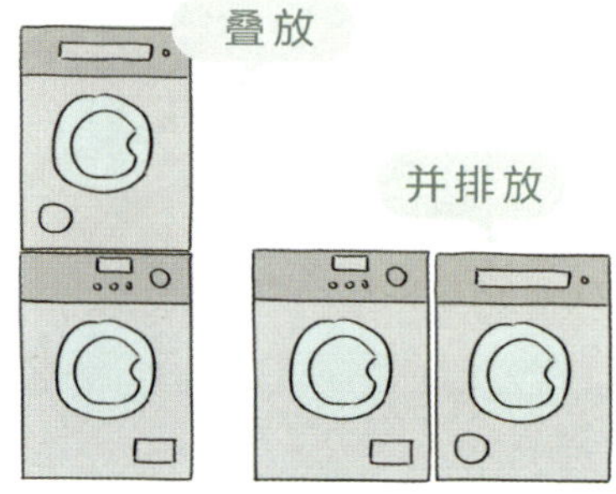

若空间实在不够用，也可以选择洗烘一体机。再考虑与洗衣相关联的一系列动作，如洗衣、烘干、熨烫、叠衣等。

组合1

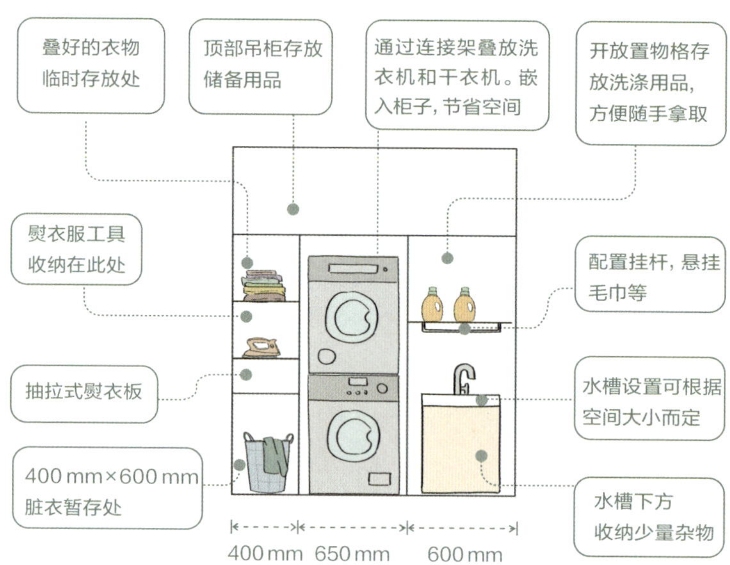

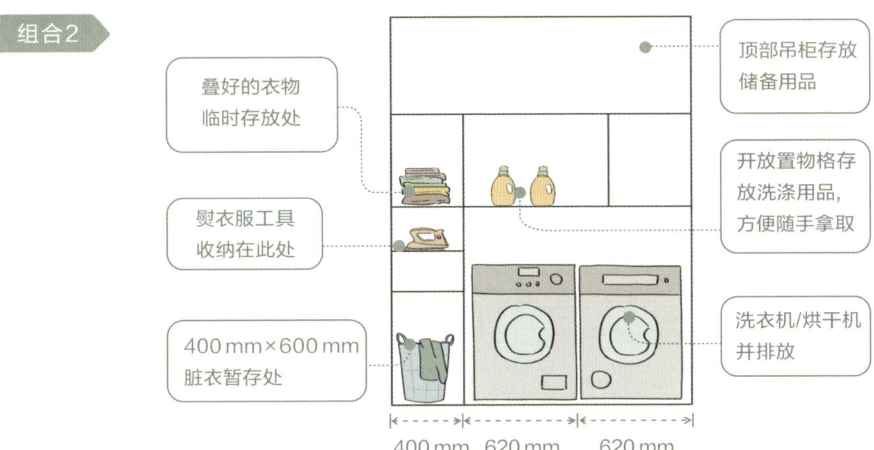

水池的设置，可根据空间尺寸自行调整。如果空间尺寸有限，可不设置水池，有手洗需求时，可以借用附近的水池。

2.居家清洁用具的统一收纳

400 mm×1300 mm的空间，常见的吸尘器等大件清洁、打扫用品都能收纳。

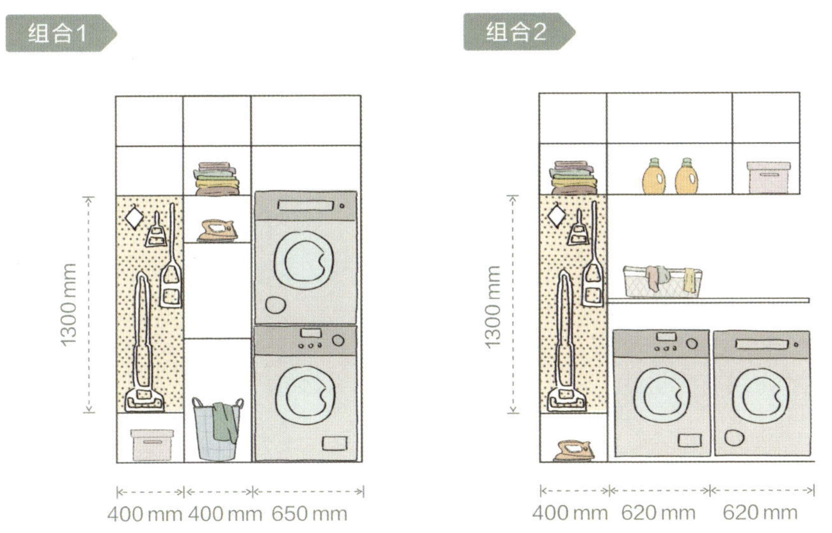

此外，完整的1 m²还可以解决洗衣、干衣、清洁所需的小件物品的收纳。

实现1 m²家政区需要什么条件呢?

▶ 1.预留进水口＋排水口

家里常见原始水位点比较固定，一般在卫生间、厨房、阳台。要想灵活布置这 1 m² 的家政区，在水电改造时就要预留进水和排水的水位点。

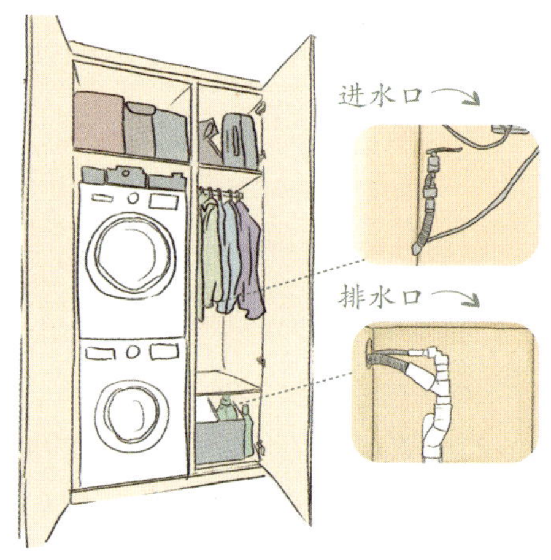

▶ 2.预留电源

为洗衣机、干衣机以及吸尘器等需要用电或充电的清洁用具预留电源插座。

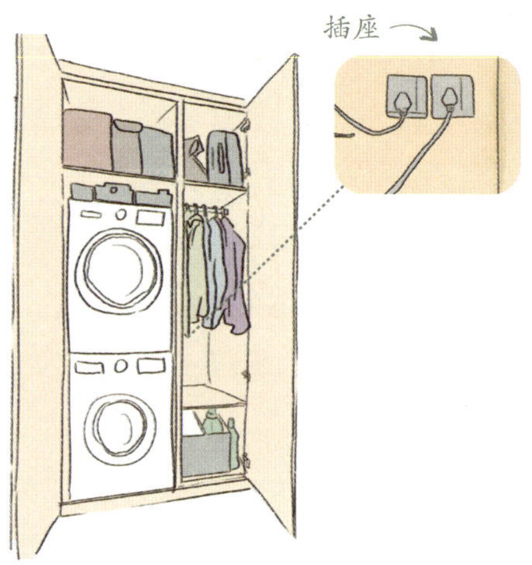

1 m²家政区，这些地方你绝对想不到

案例一 “先洗为敬”，“后疫情”时代的入户家政区

户型刚好是玄关与厨房、卫生间相邻，满足水电改造的条件。把家政区设置在玄关处，是个不错的选择。

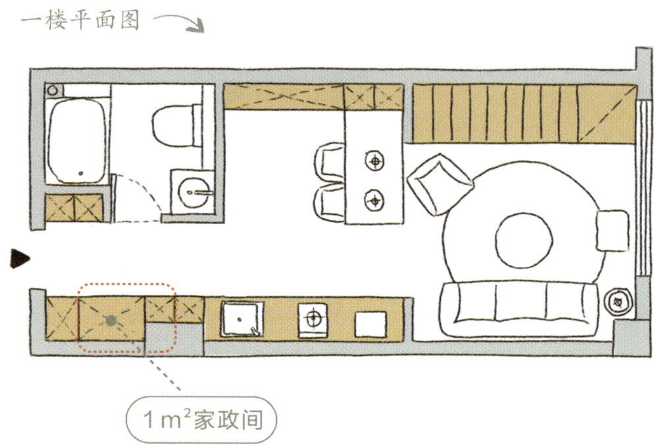

入户左侧空间可以安排一组内嵌柜子，用来做鞋柜。对面的柜子就完全可以改造成1 m²家政区。

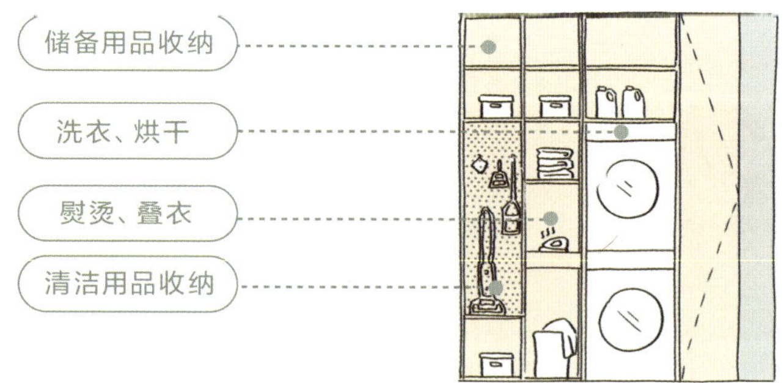

哇，洗衣、烘干和工具收纳在一个区域搞定，家务烦恼都解决了！而且玄关处设计家政区，进门换下的脏衣物直接在这里清洗，太妙了！

案例二　餐厨一体化设计，“西厨区”有更多可能

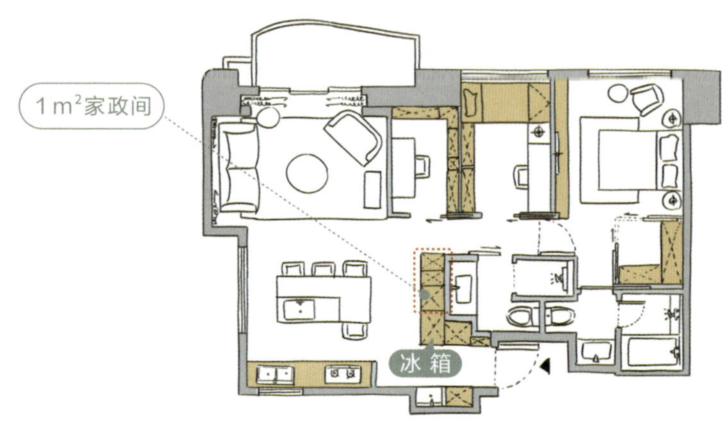

餐厅冰箱旁的位置，深度刚好够放洗衣机和干衣机，临近卫生间的洗手池，水电位也符合改造需求，1 m²家政区放在这里刚刚好。

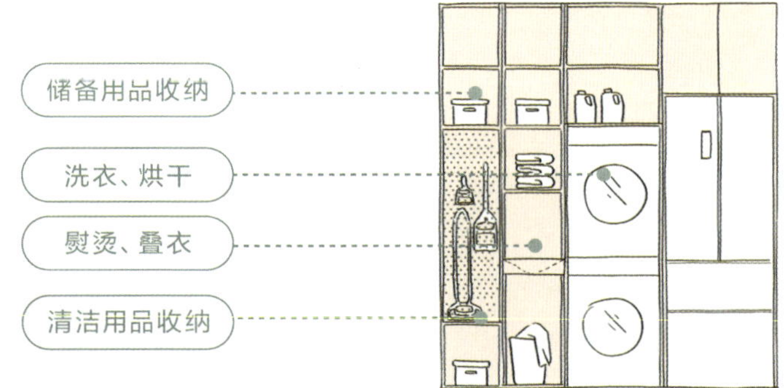

案例三 过道隐藏家政区，你不说，我还真没发现！

走廊内凹空间可做定制柜。左边紧邻着卫生间的洗手池，小件手洗衣服可以就近在卫生间解决。

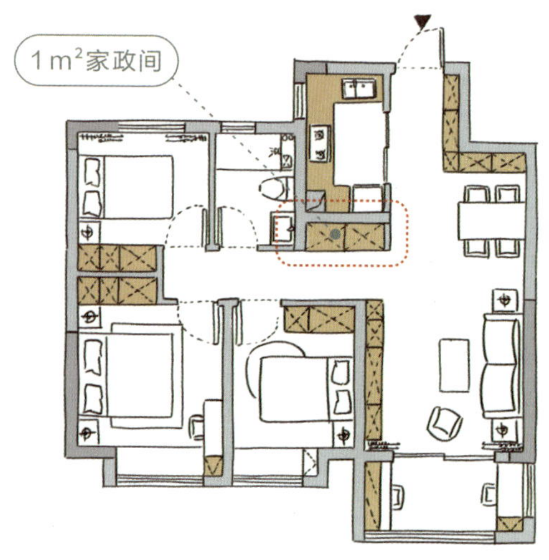

在走廊做隐形家政区，除了需要足够的空间进深（**650 mm左右**）外，同样需要提前与设计师和工人师傅沟通，预留好水电点位，做好防水工作。

将洗衣机、干衣机、洗涤用品及各种家政小物件安排好，打开柜门就能拥有完整的家政区，关上就是一个整洁的走廊。

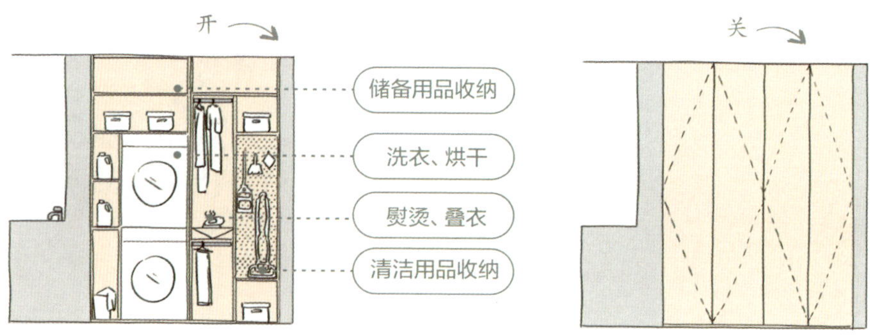

\ 注意这些事项!! /

1 m²家政区小贴士

① 除安排在常见的阳台、卫生间、厨房外，还有**玄关、餐厅、过道**等多种选择。

② 集**洗衣、烘干、熨烫、叠衣，清洁用具、储备用品收纳**功能于一体，具体可根据空间条件和使用需求自由组合。

③ 尽量**靠近户型原始进、排水点位**，以便预留洗衣机**进**水、**排**水口。

④ 定制柜内注意预留好**插座点位**，便于为电系清洁工具充电。

⑤ 空间允许时可设置水槽，也可共用就近区域的水槽手洗衣物。

1m²家政区，生活大改变，
家变得整洁，心情也随之变好。
和家
好好相处

第4章

家的平衡术，治愈身心的收纳之旅

「平衡物品和空间关系，实现身心的自我疗愈」

整洁和秩序所带来的平衡感令人向往。收纳，其实就是一场居家生活的平衡术——平衡物品和空间，实现身心的自我疗愈。

无处安放的物品与日益缩水的空间

新家入住一两年就乱成一团，过道、墙角、台面，到处都是无处安放的物品，居住空间严重缩水。

▶ 扔出去就好了吗?

通常，大家的收纳整理都是从扔东西开始的，这其实是个误区。一来，大部分东西是我们舍不得丢、丢不掉的；二来，丢了之后可能会后悔，又想重新添置，继而陷入一个恶性循环。

▶ 收纳是物品和空间的较量

家里的物品可多可少，空间却只有这么大。
想要维持平衡，就要两手抓。

增加空间，减少物品，才能实现家的平衡

▶ 1.增加空间：收纳空间变大的魔法

第一步　确保全屋总的收纳空间比重

常规情况下，10%~12%是比较合理的收纳空间占比，除去公摊面积，以100 m^2的家为例，储物空间起码要占到全屋面积的10%，也就是10 m^2，才够用。

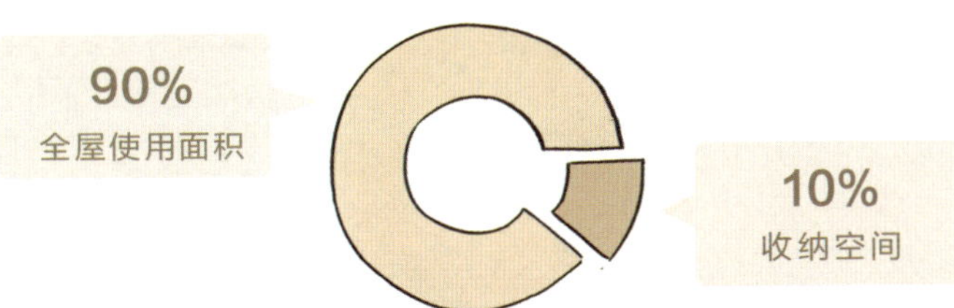

做好这10%的收纳空间，收纳就一定做得好吗？答案当然是否定的。很多时候我们做不好收纳是因为每个人都有“懒因子”。确保总收纳占比只是第一步，收纳空间的利用率和便利性也在很大程度上影响着收纳效果。

第二步 定制柜+收纳装置补充，提高收纳利用率

大面积定制收纳柜，保证每个房间都有基本够用的储物空间。

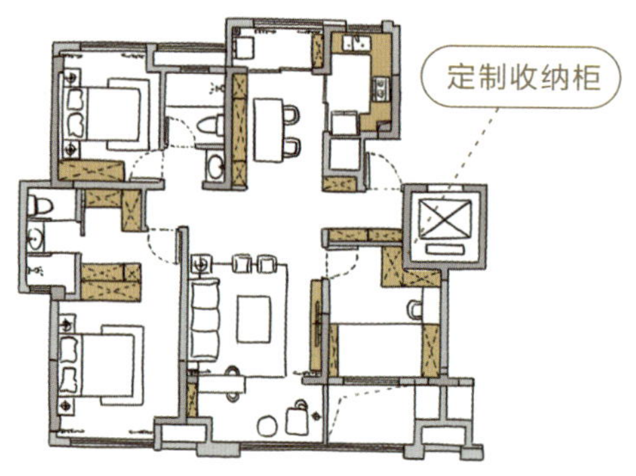

小范围补充成品收纳装置，收纳零散物品，提高收纳利用率。

☑ 推荐1：洞洞板

特别适合摆放常用的小物件和展示物品，方便存取。

☑ 推荐2：夹缝置物架

充分利用缝隙或夹角空间等来增加收纳。

☑ 推荐3：伸缩杆

装卸灵活方便，洗手台下面、壁龛里都可以补充收纳。

☑ 推荐4：墙面挂钩

厨房的背墙挂件、入户的挂衣钩等，可用来放置随手常用物品。

☑ 推荐5：墙面搁板

通常可以与定制柜一起定制，也可在网上购买成品安装，这类收纳空间适合摆放展示类或日常高频次使用的物品。

☑ 推荐6：小型收纳容器

就是利用常见的各种收纳盒、收纳篮、收纳罐等，用来做柜子内部的精细收纳。选购原则有如下三点。

1　形状：方形优先

方形比圆形或者其他形状更实用，容积最大，而且可以实现无缝摆放，没有死角。

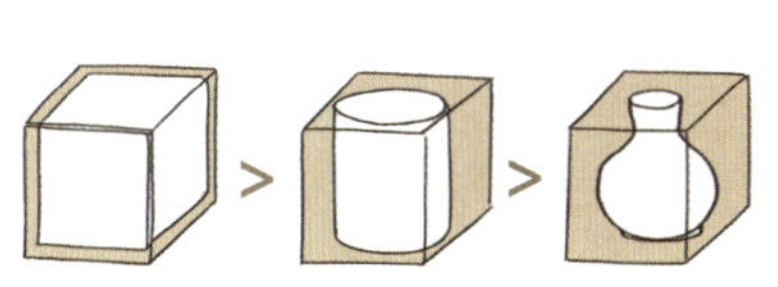

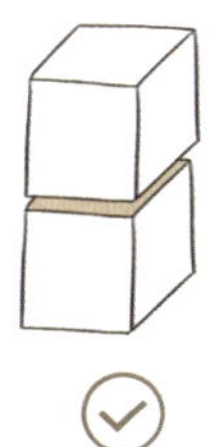

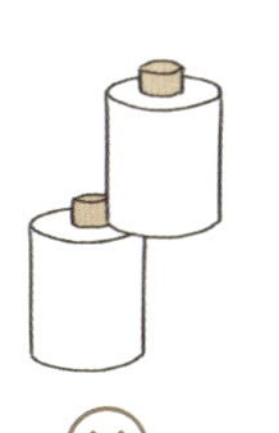

2 材质：选硬不选软

偏硬的材质，形态稳定，上下左右叠放几乎没有死角，空间利用率更高。

3 颜色：浅色统一

浅色的收纳容器，尤其是白色、灰色，比深色看起来更轻盈，摆放起来也比深色让空间显得更通透敞亮。

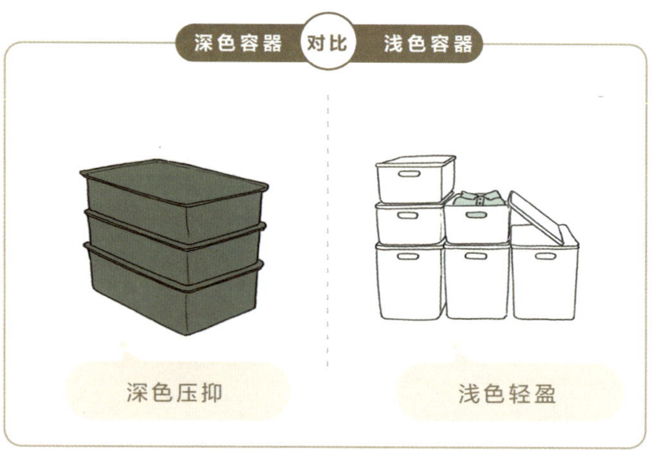

◎ 透明收纳容器

方便找东西，但也会露出内部物品的颜色。适合放谷物类、香料类物品。

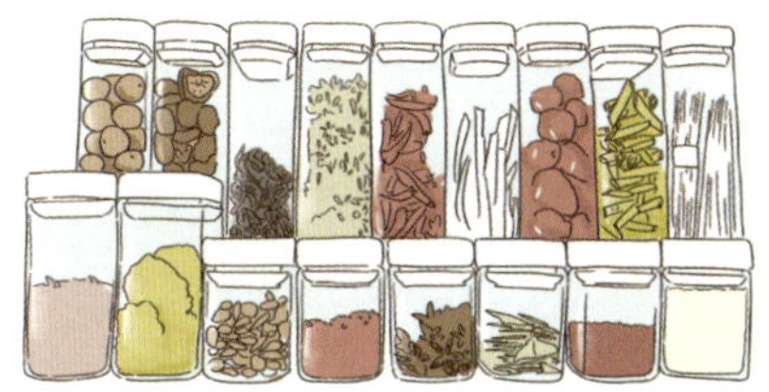

◎ 统一颜色

同一空间的收纳容器颜色统一，视觉上更加整洁。

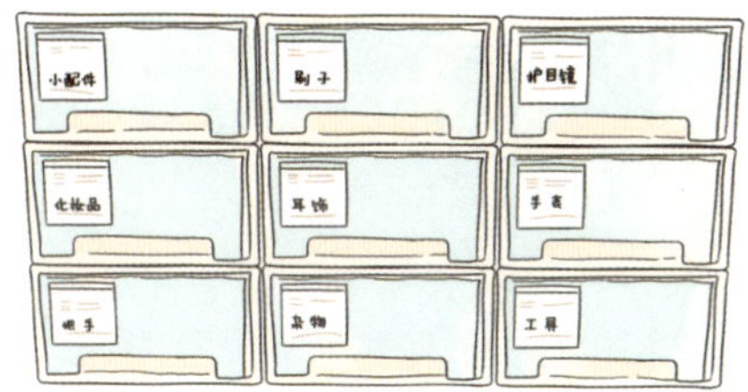

◎ 贴标签

不透明容器不方便识别内部物品，可以贴上标签，拿放都更方便。

第三步 科学收纳，提高使用便利度

1 就近分区、分类存放

按照使用频次，想清楚各个收纳空间里常用的是哪几类物品，就近分区存放，拿取方便，翻找不乱。

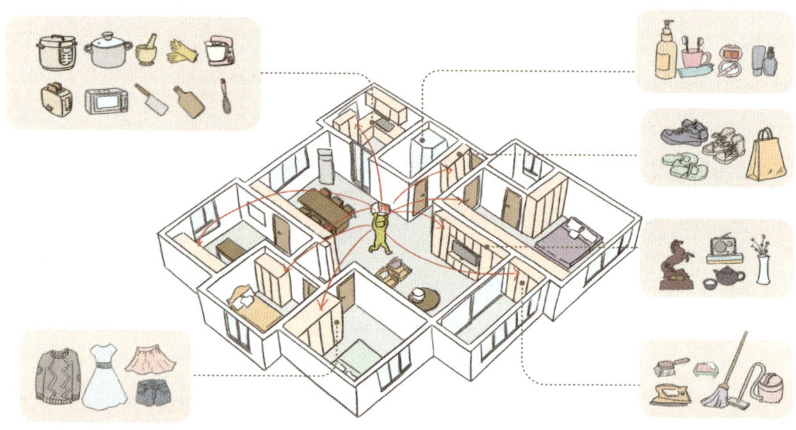

◎ 展示类物品：露出来

装饰类的物品主要在客厅公共区域展示，可以放入定制柜开放区、玻璃橱窗内，还可以挂在墙面上。

◎ 随手用物品：挂起来

比如换下的外套、常背的包包、雨伞等。这类物品适合挂在醒目的地方，随时待用。

◎ 常用物品：集中起来

这类物品的使用频率较高，应该有固定的位置。比如厨具家电、洗漱清洁用品、护肤品、化妆品，应该就近集中存放，方便翻找拿取。

◎ 储藏类物品：藏起来

这类物品的使用一般具有季节性，如换季衣物、被子、囤积的日用品等，可以藏得深一点，比如置于榻榻米下方的储物柜中、衣柜的顶层、高一点的吊柜里。

2 高中低存放

摆放位置不合理，是复乱的罪魁祸首。按照“上轻、下重、中常用”的原则来收纳，放时更顺手，用起来也更方便。

物品收纳示例

▶ 2.减少物品：物品变少的秘密

第一步 梳理物品

按照使用习惯，梳理一下家里的物品，列出每个空间的物品清单，做到心中有数，使用整理时才更方便。

厨房物品清单示例

类别	物品名称	数量
锅具	煎锅、煮锅、炒锅	4
料理小工具	洗菜盆	5
	切菜板	1
	刀具、磨刀石	10
	饭铲、汤勺	5
厨房小电器	烤箱、电饭煲、电水壶、榨汁机……	7
餐具	碗盘、饭盒、筷子、刀叉勺	35
茶具	茶壶、杯子、保温杯	8
备用食材（米、豆、干货等）	小米（盒）、鸡蛋（个）、大枣、面条、年糕、花生（盒）	30
调料	油盐酱醋、味噌、咖喱、腊八蒜（瓶）	19

第二步　物品断舍离，维持家的平衡

物品分类整理的过程，也是不断取舍的过程。断舍离，给空间“减负”，才能维持家的平衡。

1　制定旧物清理周期

每隔一个周期（半年、三个月……），重新审视家里的物品，把当下不需要的或者不能用的东西清理出去。

2 把这些物品清出你的生活吧！

女神的衣橱

几年前流行的包包，买衣服的包装袋，穿不进去的裤子，滑丝的丝袜，不合脚的高跟鞋。

“拜托了冰箱”

坏掉的水果，用完的调料瓶，过期的饮料，冻了很久的肉类。

“精致猪猪”的梳妆台

不适合自己的化妆品，过期的护肤品，过时的口红，用完的化妆品空瓶。

3 清理的旧物要流动起来

清理出去的物品，除了过期变质不能用的，都可以放到回收市场。一般可以通过社区的回收点回收，也可以在线上平台预约。

第三步 精准购物，理性囤积

定期清理的目的不是为了换新，而是把物品控制在空间的可承受范围内。如果不加限制地扔了买，买了扔，家的平衡还是会被打破。

\ 如何精准购物？/

精准购物 牢记四“不”

1. **不跟风**：按自己的喜好、风格购买，不盲目跟风。

2. **不囤积**：警惕商家折扣陷阱，按需购买不囤积。

3. **不虚荣**：实用至上，警惕名人广告效应，不为华而不实的身份标签买单。

4. **不着急**：无法抉择的时候，别急着下单，在购物车里多放两天，就有答案了。

整理家就是整理生活。
持续在空间和物品之间权衡，
实现自我和家的平衡。

第5章

好用的定制柜是这样的，看完直呼内行

「魔法厨房与魔法全屋，告别低效收纳和不舒服的操作」

定制柜不仅承担着家庭收纳的重任，还关乎家人使用时的舒适度，定制柜的“适配”大有学问。

厨房新变化

民以食为天，厨房在我国家庭中的地位相当重要。而在厨房这种特殊的空间，橱柜和做饭的流程动作紧密相关，用得顺不顺手、舒不舒服都靠它了。

先来看看和厨房有关的一些变化。

▶ 1.人们的平均身高增加了

近些年，中国人的整体平均身高有所上升，原本的橱柜高度跟不上新的需求。为了满足不同身高人群的使用需求，橱柜的高度也要相应调整。

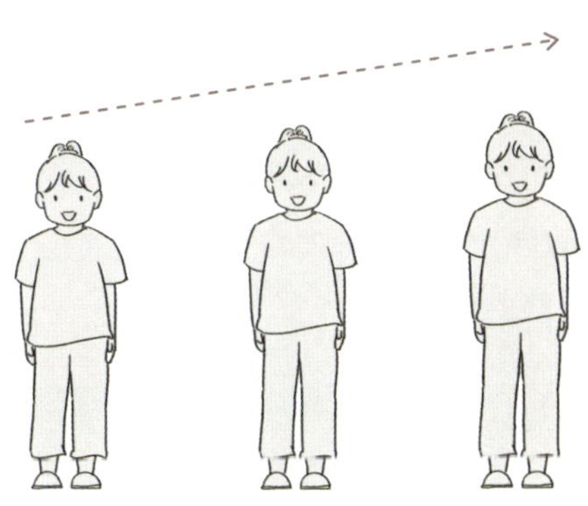

▶ 2.越来越多的人意识到厨房做高低台的重要性

我们在一些家居类图书和家居类垂直平台上经常能看到网友的家居生活分享，厨房高低台出现的频次不少，很多消费者通过亲身体验力证高低台的优势。

作为有20余年定制经验的家居企业，我们对橱柜使用潜力的挖掘比普通人想象中的更久。“130魔法厨房”是我们结合人体工程学推出的橱柜新高度体系。

130魔法厨房，轻松下厨

130魔法厨房是指以130 mm为基数，通过130 mm×N得到厨房各种高度的柜子。

橱柜h（高度）=130×N

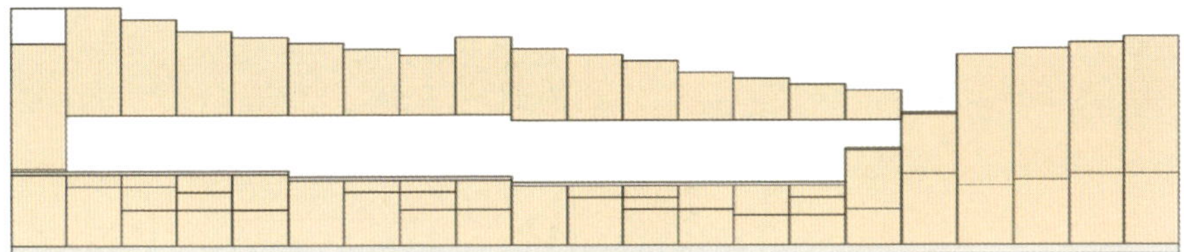

130 魔法厨房中，厨房地柜有 650 mm、715 mm 和 780 mm 三种高度，对于提升厨房使用舒适度有重要意义。

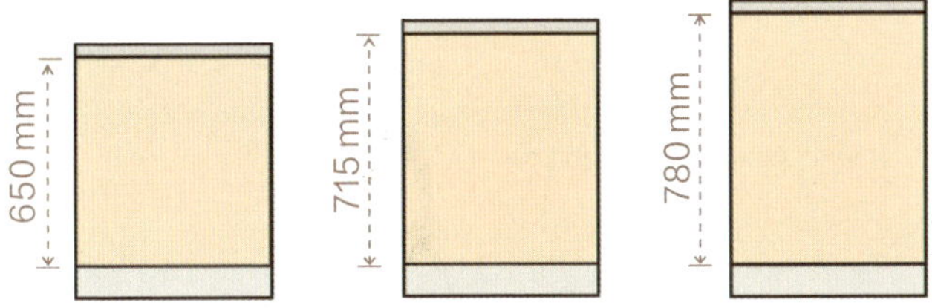

相比以往660 mm、700 mm的高度配置，130魔法厨房在收纳、人体适配度和颜值方面都更具优势。

优势一 适应国人平均身高的增长趋势，满足更多人群的使用需求

一般厨房操作台高度要以最常下厨人的身高来定，**通用公式为：身高/2+5（cm）**

以身高150 cm为例，操作台高度=150/2+5=80（cm），除去台面和踢脚高度，柜子高度为65 cm，也就是650 mm。

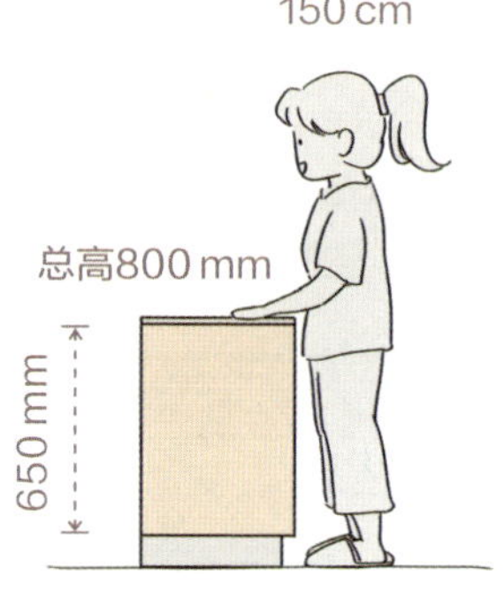

而市面上常见的厨房标配地柜高度是650 mm和700 mm，适合身高为150~165 cm的人群使用。

非标准的柜子不是不能做，而是需要额外加钱定制，行业内简称“非标柜”。130魔法厨房打破了这个尴尬，780 mm高的标准柜就能满足身高165 cm以上的人群使用。

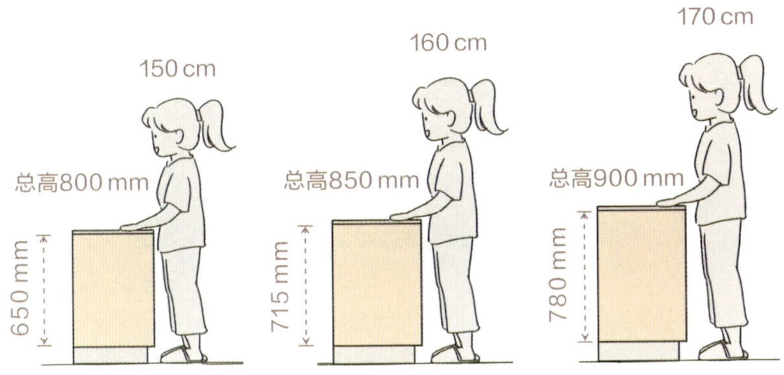

优势二 橱柜高低台搭配，洗菜不弯腰，炒菜不费劲

说到做饭，很多人都有这种体验：炒菜时锅太高要架着胳膊，洗菜时水槽又太低要弯着腰。一顿饭做下来，考验的不是厨艺而是体力。

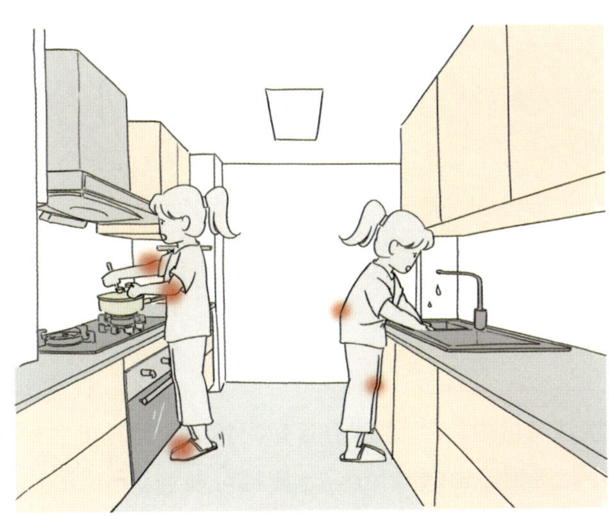

这是因为**实际操作高度不等于柜子高度**。大多数橱柜又只做一种高度，在烹饪区和洗涤区操作时自然不舒服。

要解决这一问题就要做高低台，烹饪区一个高度，水槽区一个高度。

130魔法厨房中，不同的操作区都能找到合适高度的柜子，以身高160 cm为例，灶具柜可选650 mm，水槽柜可选715 mm。

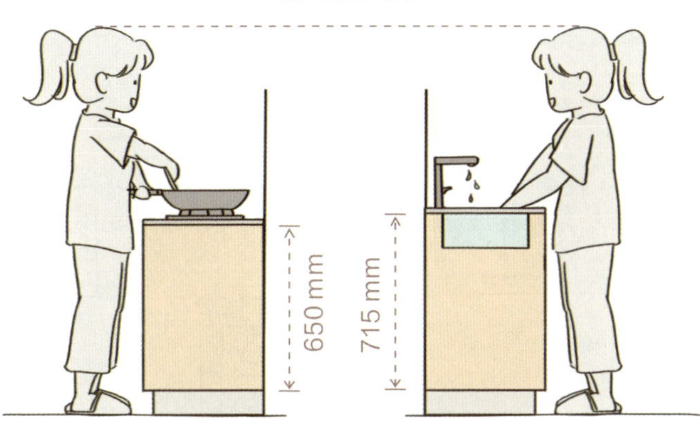

身高与橱柜关系自查表

身高	150~160 cm	160~165 cm	165~175 cm
洗涤台	715 mm	780 mm	780 mm
烹饪台	650 mm	650 mm	715 mm

厨房高低台设计有讲究，切忌生搬硬套！

在做高低台时，需要改变水槽区和烹饪区的高度，很可能会影响到切配区，切忌破坏切配区的完整性。

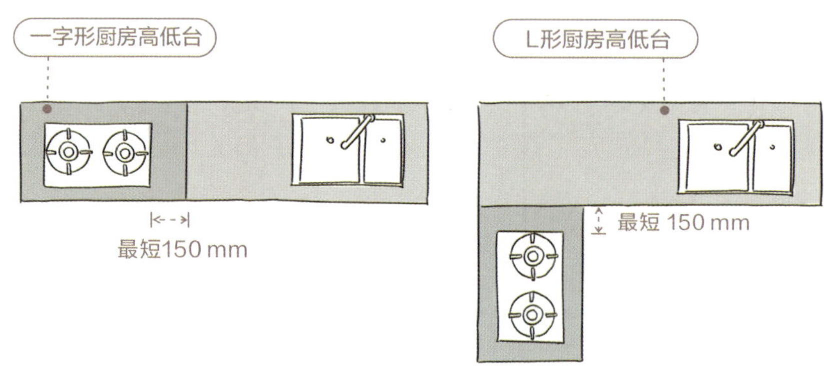

在不同类型的厨房中，高低台的设计有所不同：

1 一字形厨房高低台

抬高水槽区或降低烹饪台。

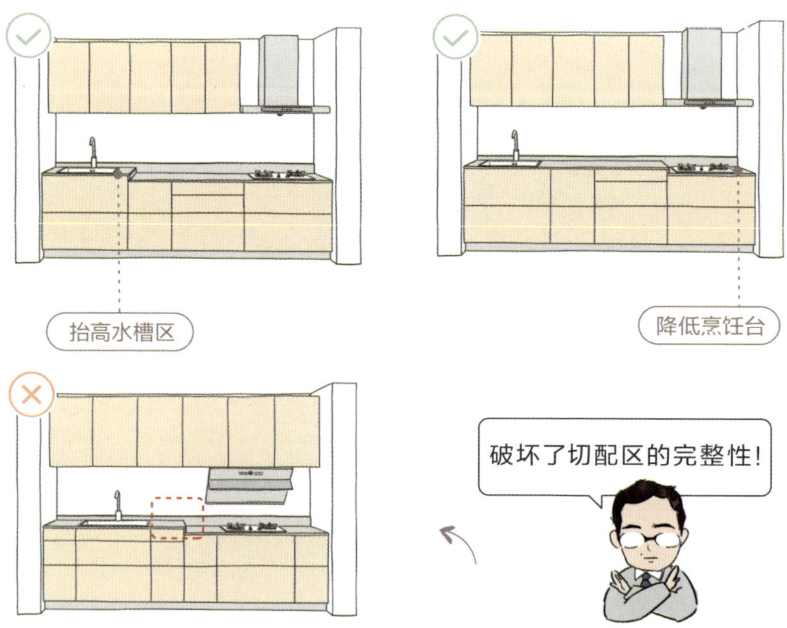

2 U形厨房高低台

抬高水槽区或降低烹饪台。

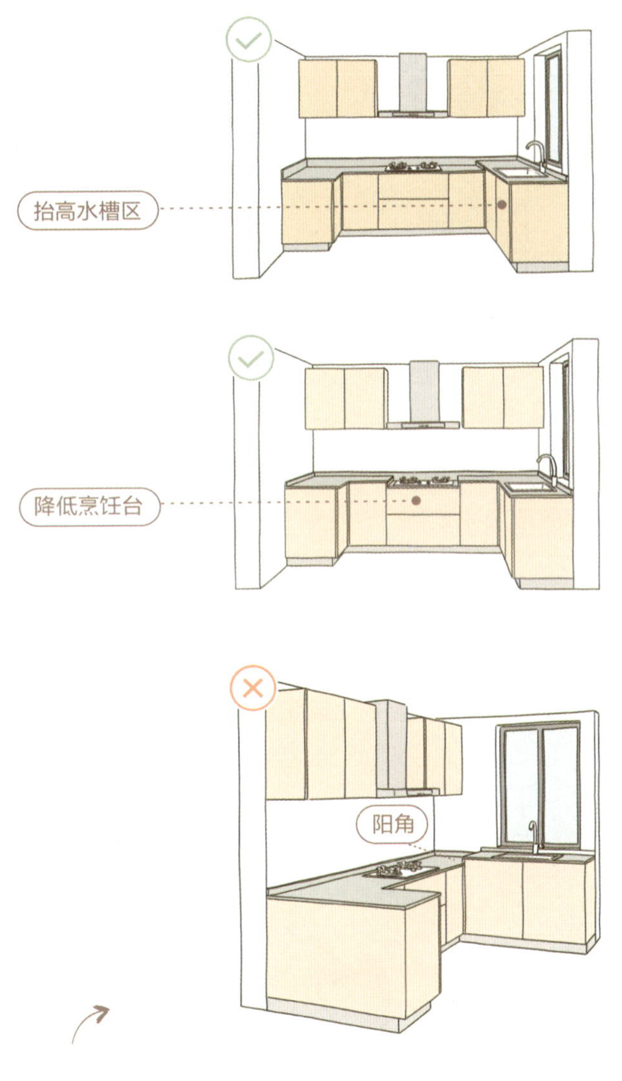

产生阳角，角落使用和清理都不方便！

3 双一字形及岛式厨房高低台

抬高水槽区或降低烹饪区。

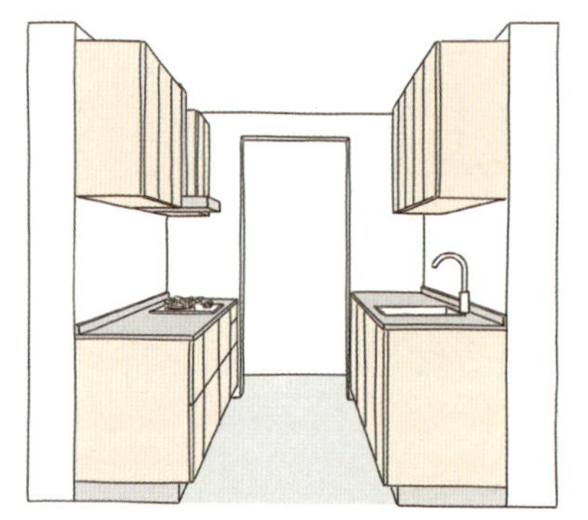
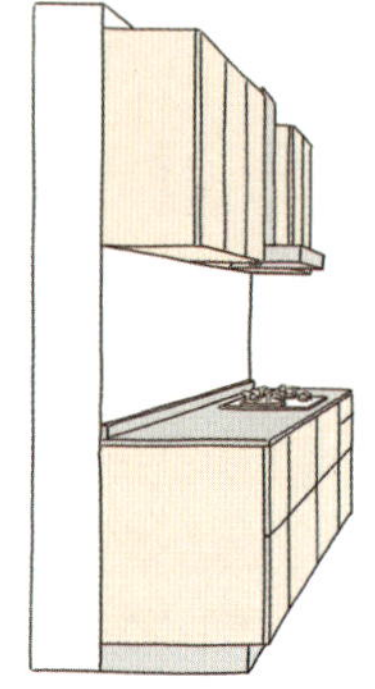
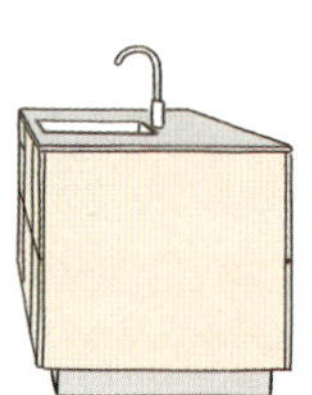

厨房高低台设计是为了方便使用，所以要结合具体的厨房情况来定制，不要为了做而做，否则得不偿失。

优势三 高中低三种抽屉配置，用足收纳空间

因为厨房需要收纳的小物件和工具特别多，所以收纳的精细度很重要。

而和一般隔板柜相比，抽屉更加好用，内部物品一览无余，拿取方便。

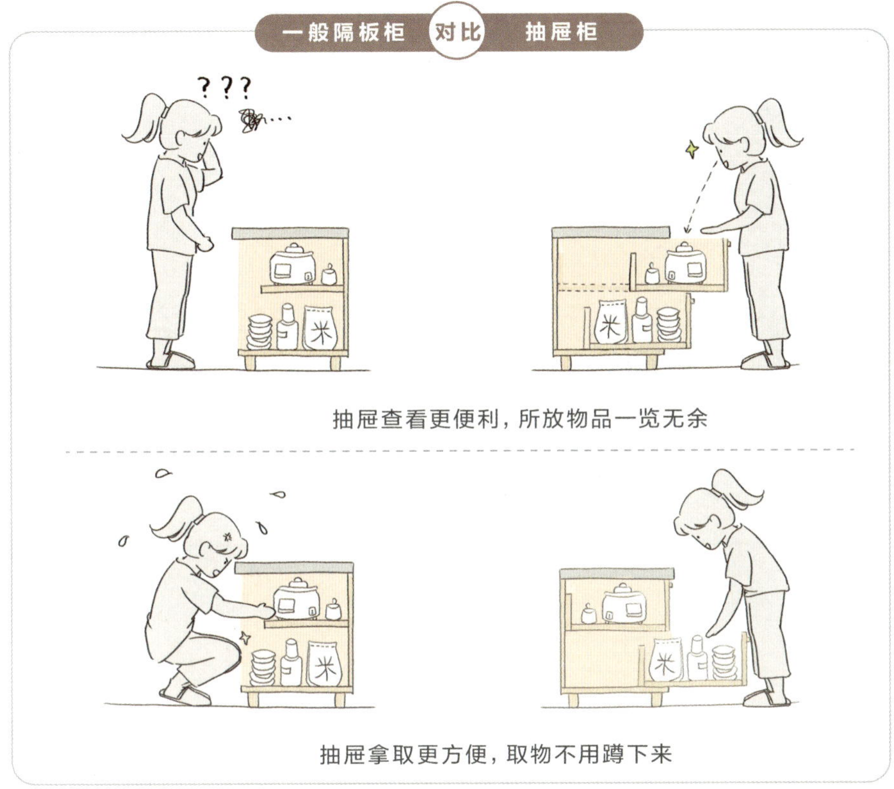

抽屉如何划分，实际上影响了收纳利用率。常见的700 mm柜子与130魔法厨房780 mm的柜子比较，后者整体容积增加了10%，储物空间更多。

1 容积提升

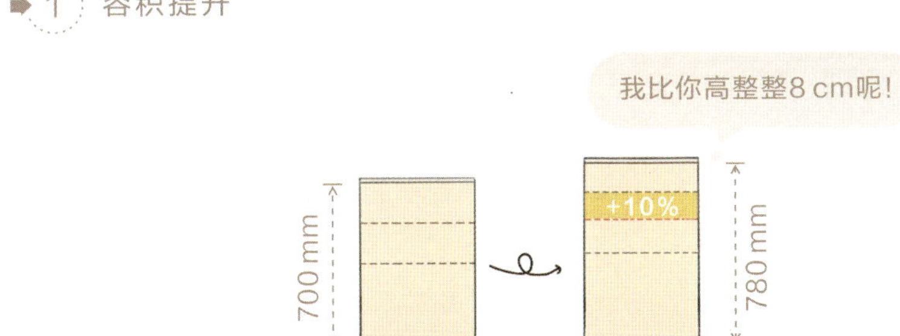

2 空间利用率提升

715 mm、780 mm的抽屉柜内部都能增加类似下图的内功能抽，充分利用高度空间，适应更多小工具的精细化收纳。

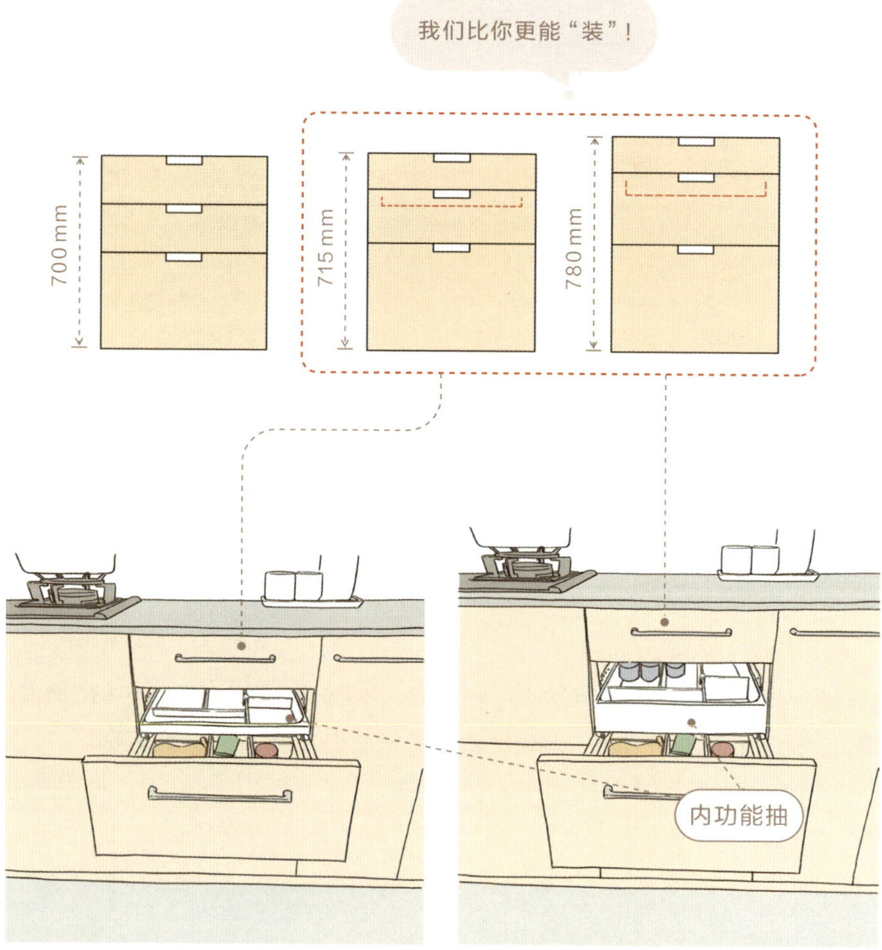

优势四 柜子高宽形成黄金比例，妥妥的“颜值柜”

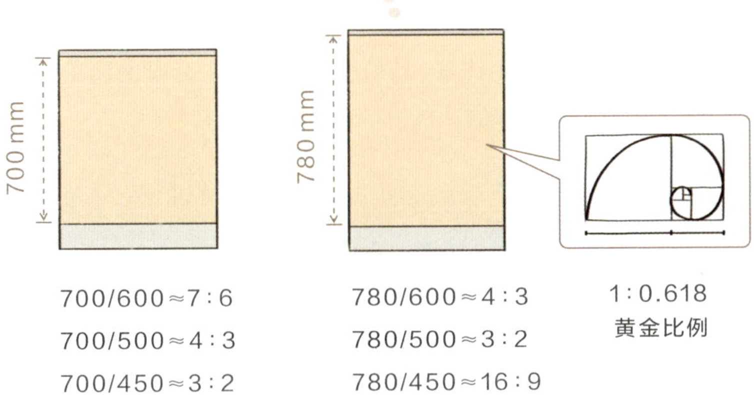

优势五 现场安装更简单，出错的糟心事减少了

定制柜是由板材和五金件拼装而成，一般在生产时会打好孔位，方便现场安装。

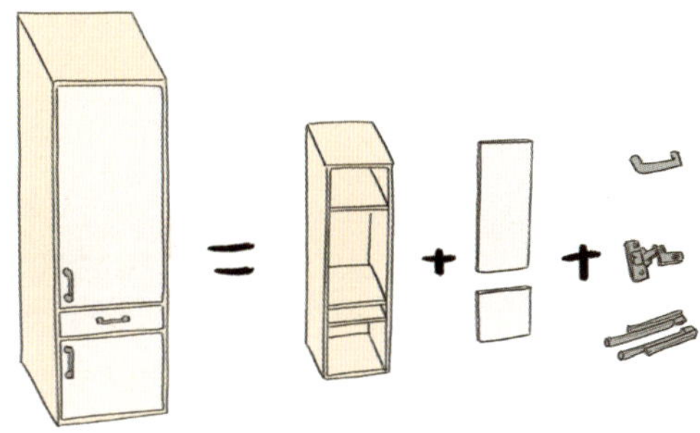

130魔法厨房的柜子安装，孔位通用，适应抽屉、拉篮等多种内功能件的安装，能避免门板五金件与层板冲突的问题。

350魔法全屋，轻松收纳

聊完厨房，我们再来看看全屋。玄关、客厅、阳台、卧室、书房等空间定制柜在志邦家居都被纳入了衣柜体系，这些空间的柜子讲究收纳使用的便利性，与之密切相关的是柜子内部的功能分隔。

350魔法全屋是指以350 mm为基数，通过350 mm×*N*得到全屋各种高度的柜子。

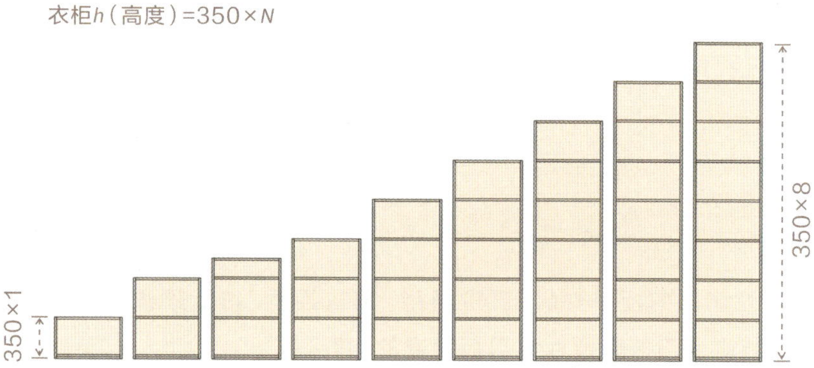

1.神奇的数字“350”

1 衣柜的350运用

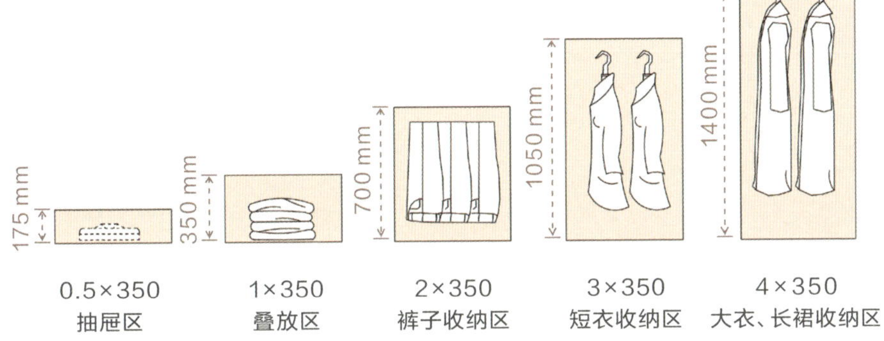

2 其他定制柜的350运用

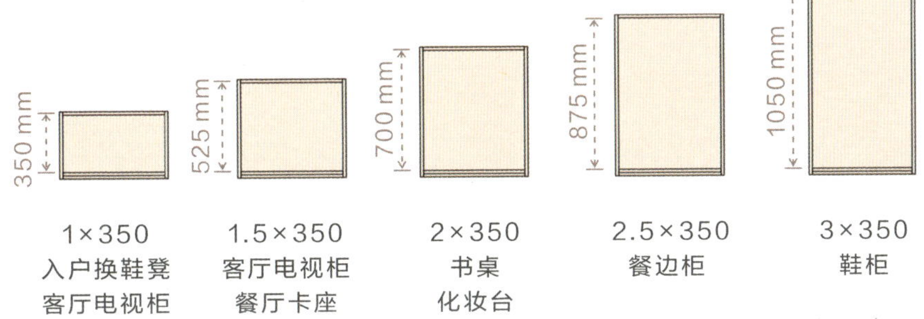

不难发现，350 mm就是从衣柜体系的各种柜子高度中总结出来的，在便利性、颜值上都有更多可能。

优势一 柜子分割线对齐了，“强迫症”表示很舒爽

以电视柜为例，因为柜子内部的分隔高度都以350 mm为基础来变化，所以门板的分割线都能保持齐平。

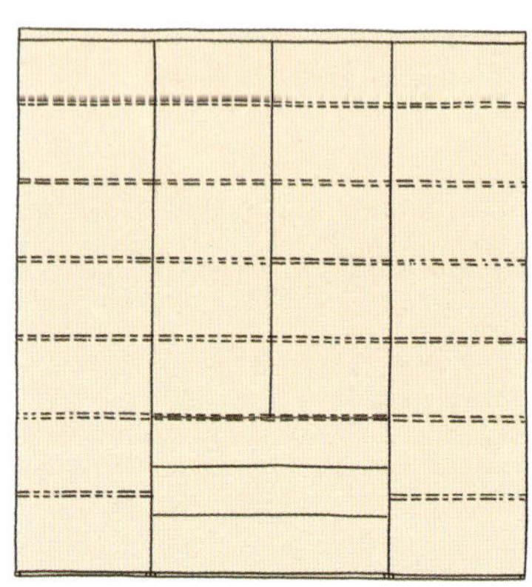

优势二 内部格局DIY，自己动手简单不出错

以衣柜为例，调节隔板位置即可实现功能区转换。比如短衣收纳区高1050 mm，在高700 mm 处增加一块隔板，即可变为裤子收纳区和叠放区。

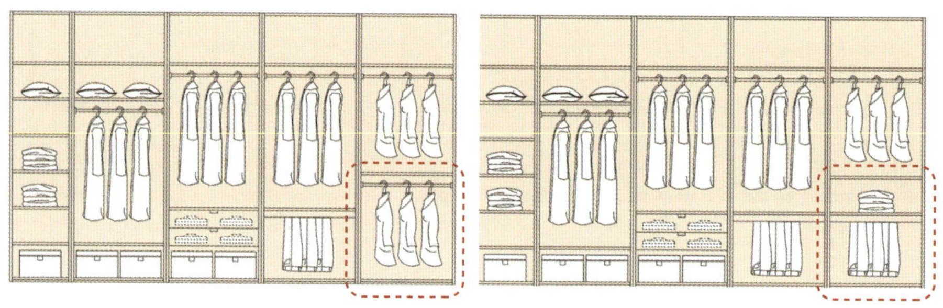

▶ 2.定制柜的外露箱体处理

在350魔法全屋中还需要着重说明一点，就是柜子的外露箱体处理，很好地解决了“颜值”不佳的问题。

一般在安装定制柜时，为了方便，靠墙的部分会增加调整板，而结果就是不太好看，我们来看看350魔法全屋是怎么处理的吧！

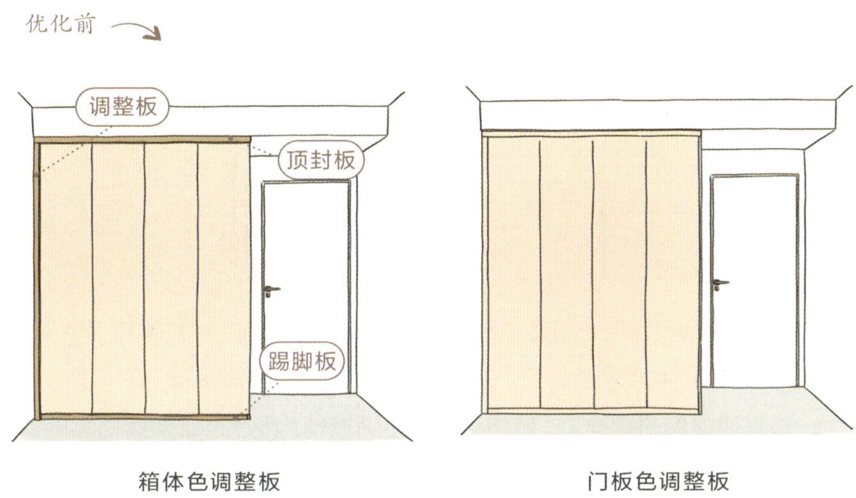

箱体色调整板　　门板色调整板

1 调整板不外露

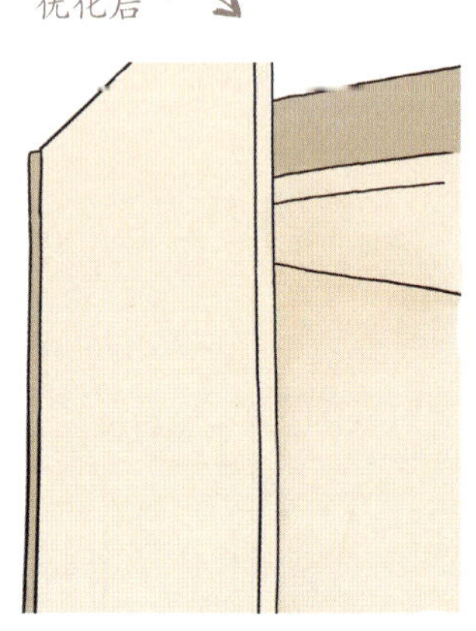

优化前，调整板和顶封板与门板平齐，不论是和箱体同色还是和门板同色，都有明显的拼合痕迹，影响美观度。

优化后，调整板、顶封板与箱体平齐，门板一盖什么都看不到了。没有明显的拼接缝，适合打造现代简约的家居风格。

2 踢脚板高度降低

优化前，踢脚板高度基本在50 mm或70 mm，比较明显。

优化后，踢脚板高度降低到18 mm，更好看。

3 侧封板和顶封板无缝隙

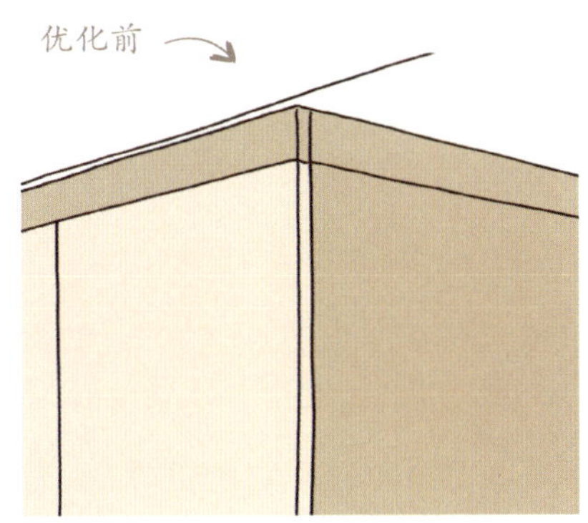

优化前，箱体见光面的侧板和顶封板之间会有分段缝。

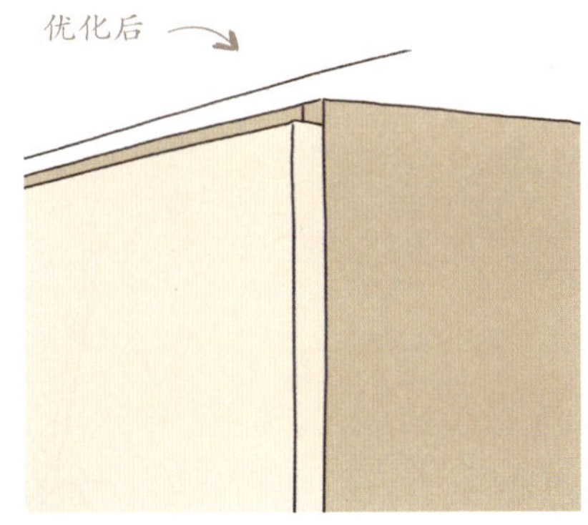

优化后，将门板做上去，留空5~10 mm，箱体见光侧板做到顶(需扣量)，没有分段缝。

设计师应基于定制柜自身的规律和秩序，并结合不同的户型情况和屋主需求来做设计的。设计不是随意的，需要“导演”和精心安排，期待130魔法厨房和350魔法全屋能为定制生活带来新气象。

标准体系下的定制柜，
在一定程度上保证了
设计的美观度和准确度，
从源头降低了出错率。
和家
好好相处

第6章

给家一点“颜色”瞧瞧

「三步搞定复杂的家居色彩搭配」

一个空间的视觉感受，70%由颜色决定，家居配色就是实现空间色彩之间的平衡。

家居配色到底难在哪儿?

让苍天知道我认输!

怕出错
只敢用黑白灰
其他颜色不敢碰
自己喜欢的颜色
不知道
怎么用到家里

本身就是“小白”
这么多颜色
眼花缭乱
网上各种
搭配技巧
一学就废……

色彩搭配讲究度，每个人对色彩美的感受不一样，颜色又是很难标准化的东西，“配色小白”的确很容易被劝退。

将复杂的色彩简单化，只需三步，
搞定家居配色难题!

第一步：定色彩比例

色彩面积和比例直接影响人的观感。

▶ 1.色彩比例的重要性

下面左图空间中白色、米色、粉色的比例接近1:1:1，画面缺少层次和重点。右图中的白色、米色、粉色比例更接近6:3:1，画面更加和谐、有层次。

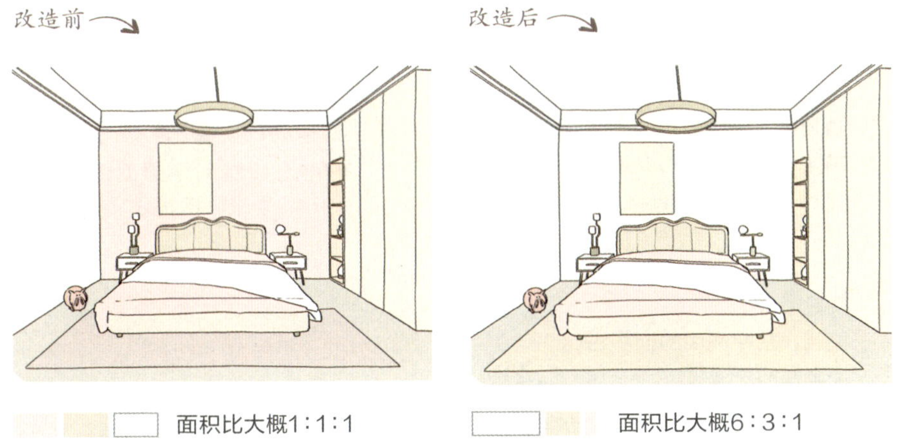

▶ 2.631配色法

在同一空间内，可以按照主色60%、辅色30%、点缀色10%的比例来搭配色彩。主色表现在墙顶地、定制柜上，辅色表现在成品家具、窗帘上，点缀色表现在小件家具、饰品、装饰画上。

一起来拆解这张图：

墙顶地、定制柜

白色 + 木纹色，在空间中的面积占比约 60%，即空间的主色。

窗帘、椅子、洞洞板

绿色，在空间中的面积占比约 30%，即空间的辅色。

装饰画、饰品等

橙色，在空间中的面积占比约 10%，即空间的点缀色。

家居色彩按比例搭配，看起来更有秩序感和层次感，而且拆分成 3 个比例也更好把握整体画面的色彩平衡。

第二步：定色彩数量

固定主色+n种（辅色+点缀色）其中$n \leqslant 3$。

▶ 1.固定主色——黑白灰/大地色系

主色即墙顶地、定制柜的颜色，用黑白灰、大地色系来稳定视觉感受。

黑白灰是色彩界公认的“无色系”，而大地色系是指棕色、米色、卡其色等接近泥土、大地的颜色。两者都有沉稳、低调、百搭、经典不易过时的特点，适合作为家居配色的“打底色”。

主色占比约60%，用黑白灰和大地色系这种兼容性较强的颜色，相当于给家的色彩定了一个基调，出错率少了一大半，更易保持画面平衡。

2. n种（辅色＋点缀色）$n\leqslant 3$

1 固定主色（黑白灰/大地色系）+1种（辅色+点缀色）

成品家具、饰品等选1种彩色，不易出错，变化层次相对较少，偏沉稳。

2 固定主色（黑白灰/大地色系）+2种（辅色+点缀色）

窗帘、饰品选2种彩色，变化相对更丰富。

3 固定主色（黑白灰/大地色系）+3种（辅色+点缀色）

成品家具、饰品选3种彩色，变化更丰富，但搭配难度也更高。

通常同一空间除了黑白灰和大地色系之外，彩色的运用不要超过3种。对于“小白”更推荐1~2种彩色，不易出错，也更有层次感。

第三步：定辅色和点缀色的色彩类型

选空间中的彩色往往是最难的，喜欢一个色彩却不知道怎么用到家里，一不小心就是“车祸现场”，这时色相环就是很好的搭配手册。

▶1.一种彩色搭配方法

同类色配色法：选1种喜欢的颜色，利用深浅变化进行同色系搭配，简单高级。

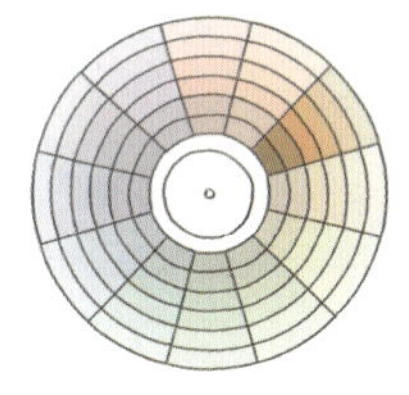

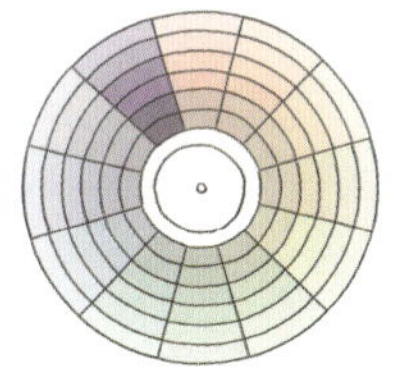

▶ 2.两种彩色搭配方法

➡1 30° 两色配色法：选相隔30°的2种颜色，配色柔和，默契得恰到好处。

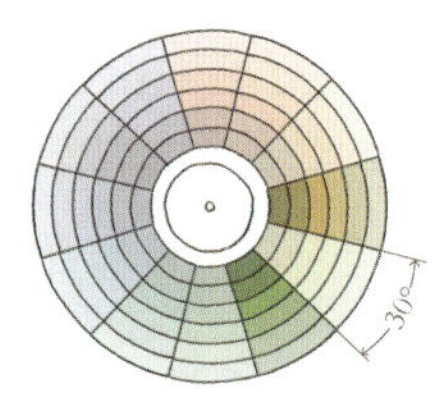

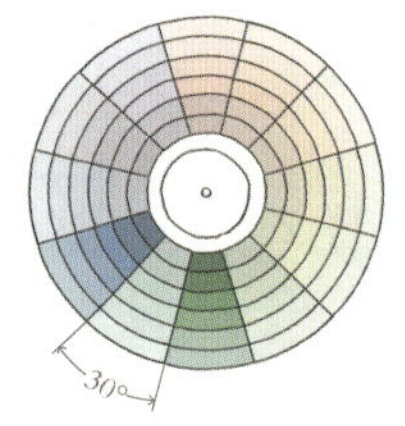

2　60° 两色配色法：选相隔 60° 的 2 种颜色，有一定对比，但又相互平衡。

3　90° 两色配色法：选相隔 90° 的 2 种颜色，对比较强烈，可以突出视觉重点。

▶ 3.三种彩色搭配方法

➡ 1 90° 三色配色法：选两两间隔 90° 的 3 种颜色，对比较为强烈。

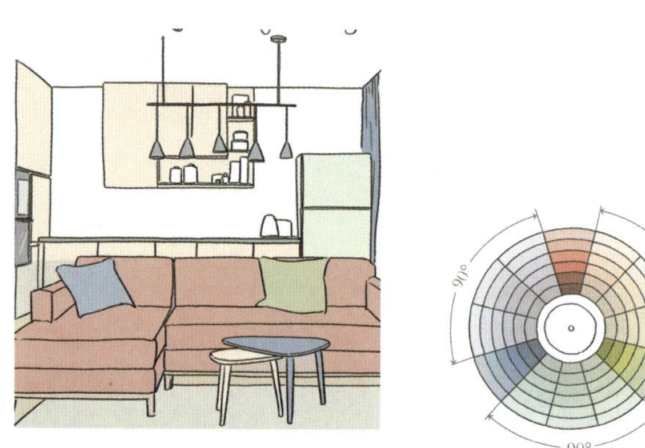

➡ 2 120° 三色配色法：选 1 种颜色和与其间隔 120° 的 2 种颜色，画面活泼跳跃。

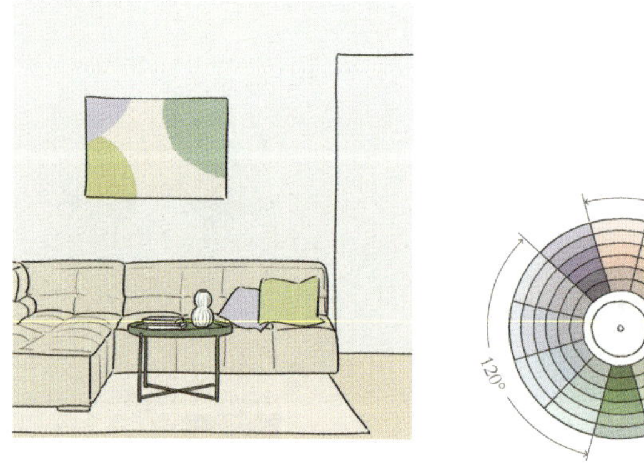

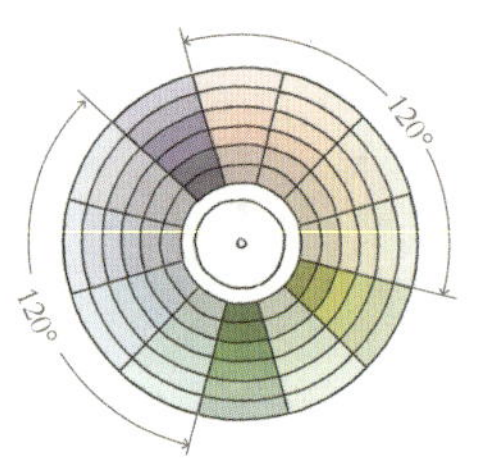

当一个空间中有2种及以上彩色时，面积较大的彩色建议选低饱和度的颜色，小面积彩色可以选饱和度稍微高一点的颜色。彩色的种类越多，搭配的难度越大。

尝试为下面这个客厅配色吧

▶ 1. 定色彩比例

先按前面所讲的 631 配色法，定好主、辅、点缀色区域。

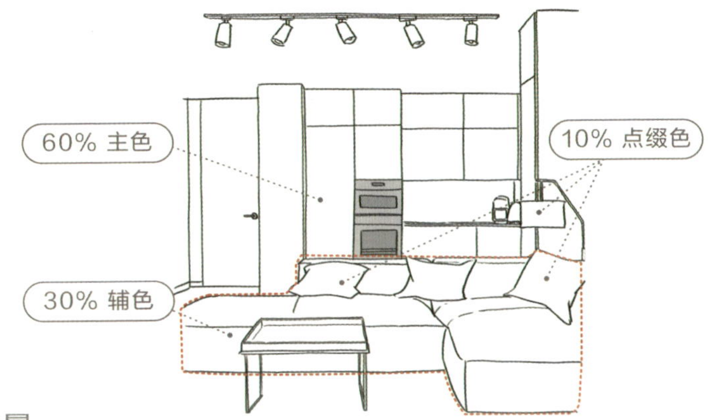

▶ 2. 定色彩数量

墙顶地和定制柜用灰色、白色和木纹色填充，再选 2 种彩色运用到沙发和抱枕、落地灯、装饰件上，让空间色彩更丰富。

○ 墙顶

● 地面

● 定制柜

▶ 3. 定色彩类型

运用 60° 两色配色法，选绿色和橙色进行软装搭配，分别运用到沙发、抱枕和落地灯上。大面积沙发用低饱和度的绿色，抱枕、落地灯、小饰品用中饱和度的橙色。

家居配色中有一个“神器”，那就是绿植，适当点缀绿植，既能为空间增添活力，也不用担心颜色不搭。

在配色时，这些也可以纳入参考因素

▶ 1.前进色与后退色

色彩是有距离感的，不同颜色的运用，会对空间产生缩小或放大的视觉效果。

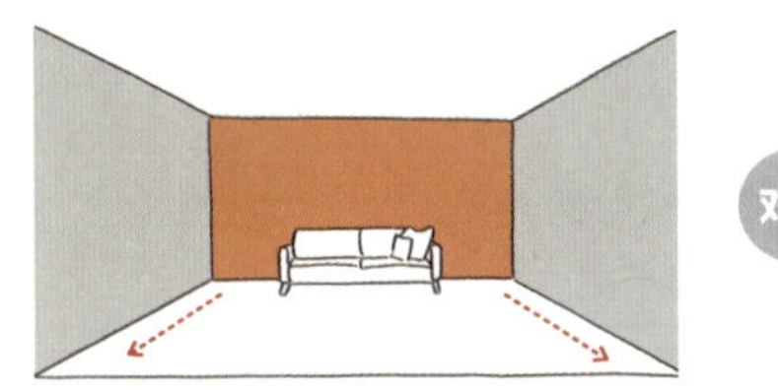

橙色视觉上是往前进的，
会压缩空间

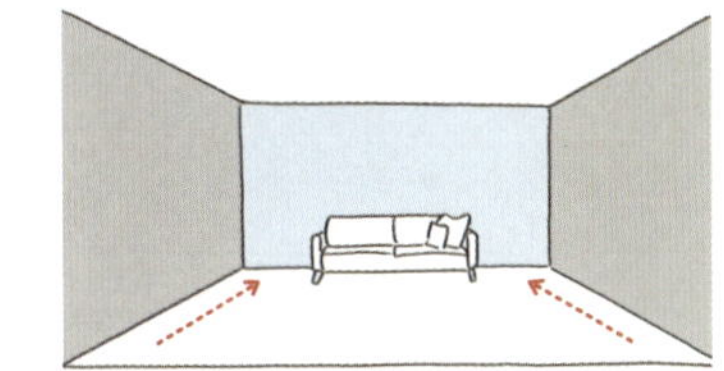

蓝色视觉上是往后退的，
会放大空间

▶ 2.用色彩放大空间

色彩对空间产生的作用和颜色的深浅、冷暖都有关系，以放大空间的程度排序——白色＞浅冷色＞浅暖色＞深冷色＞深暖色，例如小户型更适合用白色，慎用大面积暖色。

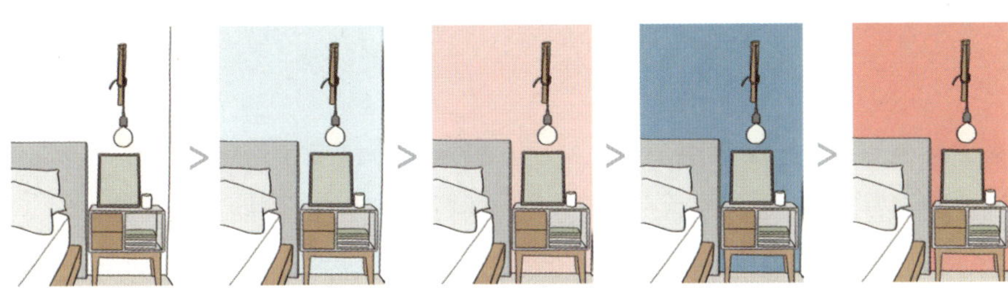

▶ 3.用色彩深浅营造空间层次感

我们把深蓝色和浅蓝色放到一个空间里，按照远近不同进行组合，用图直观地感受一下：

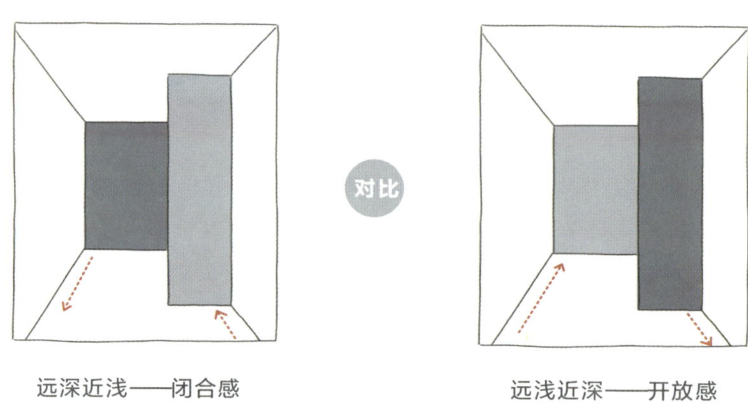

远深近浅——闭合感

远浅近深——开放感

在家居空间中，可以根据空间属性，利用深浅不一的颜色营造不同的空间感受。

玄关客厅

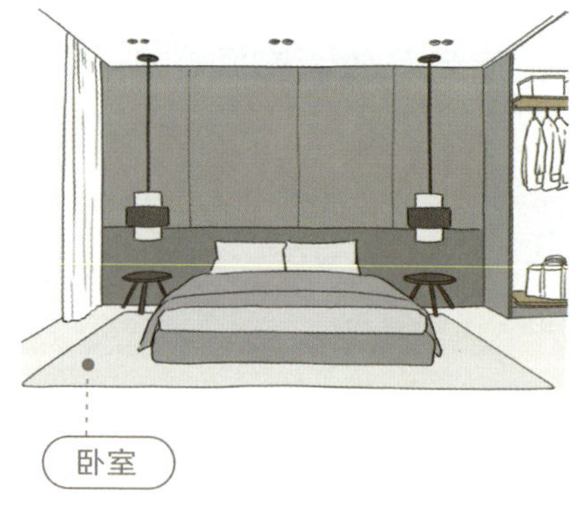

卧室

玄关颜色深，客厅颜色浅，远浅近深营造开放感，进门显大气。

背景墙颜色深，地毯颜色浅，远深近浅营造闭合感，更能获得安全感。

色彩搭配三步走，
耐心多一点，了解多一点，
家居配色上的遗憾就少一点。
和家
好好相处

第7章

老房不将就，改改换新颜

「房子旧了，但生活还是新的」

无论房子老不老，都不影响我们对家的热爱，大胆改造，生活可以不将就。

老房不将就，毕竟生活是自己的

房子不仅是一个空间，更是生活的容器。有人住了大半辈子舍不得搬；有人为了孩子上学从宽敞的新房搬进“老破小”；有人预算有限，只能选择蜗居……

1. 老人恋旧不舍得换

2. 学区资源置换

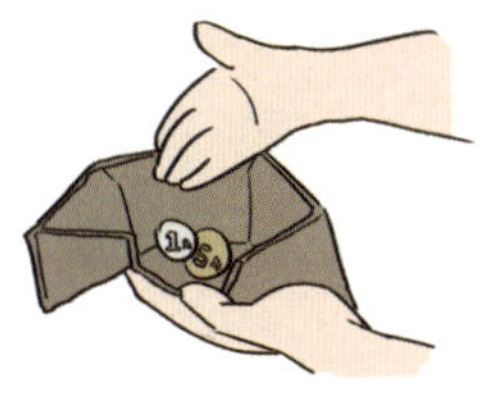

3. 预算有限，刚需置换

不管是哪种情况，老房的居住体验往往都是不尽如人意的……

老房的痛，你是否深有体会？

▶ 1. 家庭结构变化，房子不够住了

国家生育政策的调整，使得很多家庭一家多娃。家中人口变多，卧室不够住，改善局部空间的现状迫在眉睫。

▶ 2. 收纳不足，操作不便，功能不全

老房储物能力有欠缺，家里的物品却是越住越多；如果是为了孩子上学而搬到面积更小的家，物品更是多且乱，还要考虑孩子的学习空间，收纳是亟须解决的问题。

没有一步到位的房子，住所和屋主共同成长，老房换新改造势在必行！

老房怎么改，全改还是局部改造？

先看一组关于老房的调研数据，更能明确老房改造的需求。

老房的装修面积主要集中在30~120m²，其中60~90m²占比最高。

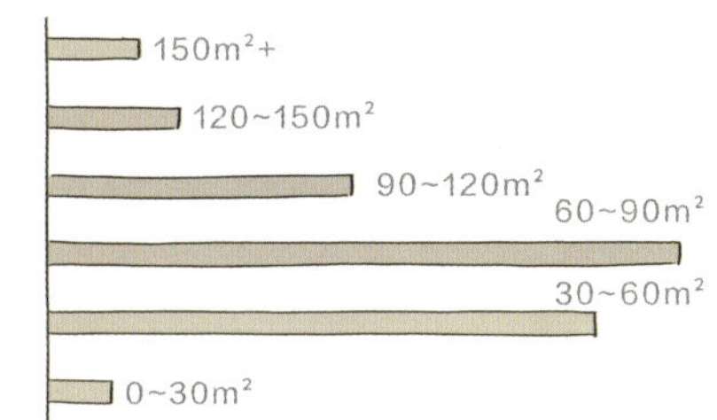

两居室占比较多，基本能够满足三口之家的居住需求。

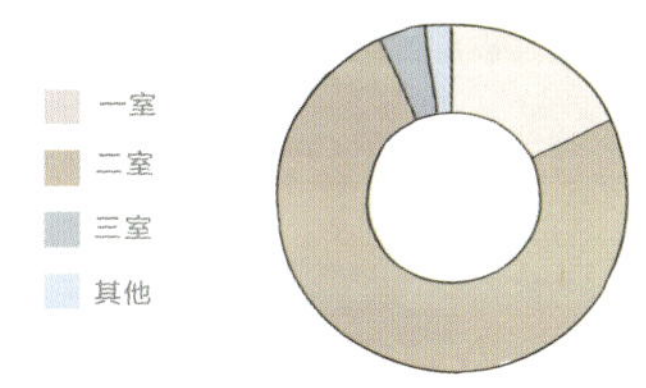

老房装修业主的年龄以30~40岁居多，决策者呈年轻化趋势，80后是主力军，90后增速快。

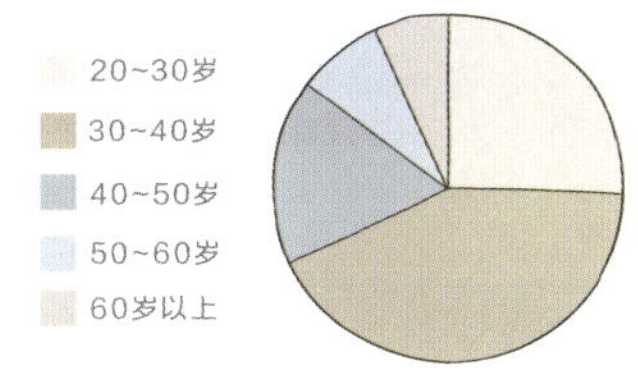

卫生间、厨房在老房局部改造中占比较高，卧室改造多因家庭人口变动。

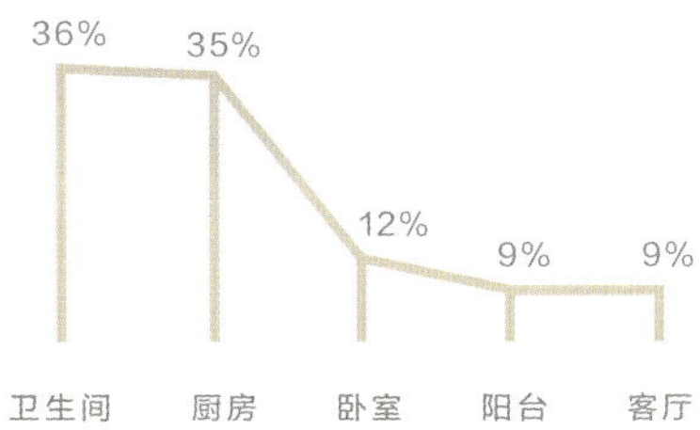

▶ 1.下面这些问题，如果出现3个以上，就要考虑全屋整改了

杂乱

空间有限，东西太多，超出了家的承载范围

污垢

墙面泛黄、霉变，无法处理

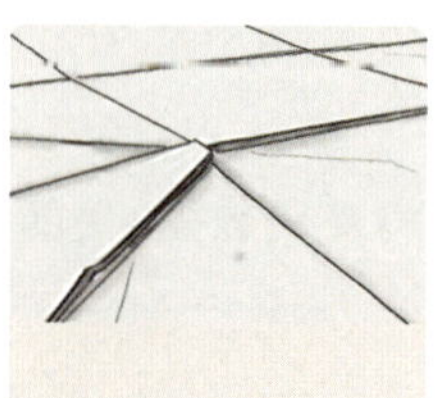

开裂

地板、瓷砖起翘，老化破损

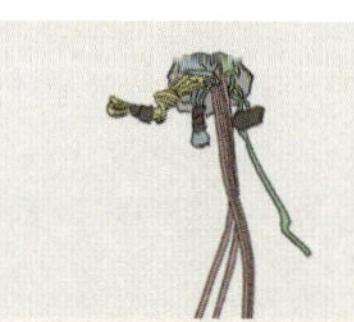

危险

水电线路老化，安全隐患大

老房全改流程参考

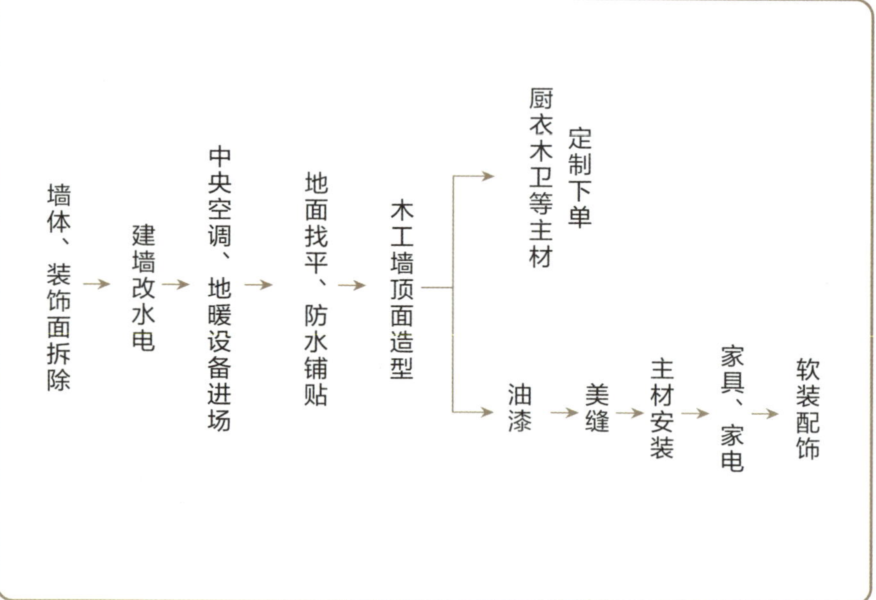

2.不想大动，就结合自身需求局部改造

老房的局部改造，一般是改动厨房、卫生间或卧室中的一到两个空间。

1 厨房

不仅是增加柜子，首先应关注使用者是谁，使用者不同，橱柜的高度就不同。其次是厨房操作流程，按照洗、切、烧的操作动线设计橱柜功能区，用起来才舒适。

2 卫生间

最常见的改造就是设备换新，有条件的话最好做到干湿分离。

3 卧室

简单的改造是家具换新，增加书桌等，还可能是改变软装风格。近些年，一房实现两孩同住的改造需求也逐渐增多。

老房整体空间布局优化方法

老房改造前首先应明确需求，然后再结合老房原本布局进行局部优化。如果是年代久远的砖混结构老房，拆改前一定要请专业人士评估房屋结构状况，以防产生安全问题。

▶ 1.调整厨房、卫生间面积

厨房、卫生间小是很多老房的通病。俗话说“金厨银卫”，这两个空间的使用频率是非常高的。如果能适当扩大，使用起来肯定会舒服不少。

改造前

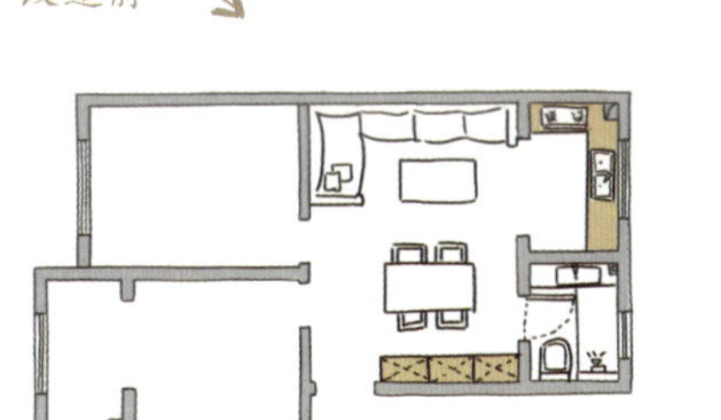

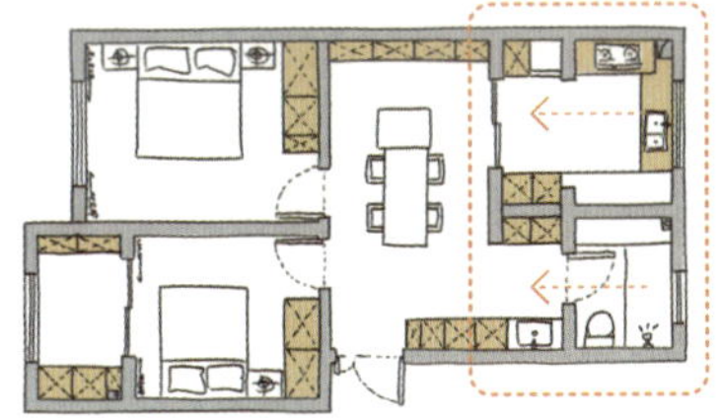

厨房外扩，空间变大，增加电器区，冰箱就近安排，使用更方便。卫生间外扩，洗手池外置，实现干湿分离，还增加了一组储物柜。

▶ 2.打造多功能空间

老房面积通常不会很大，但是该有的功能不能少，这时候打造多功能空间就显得尤为重要。

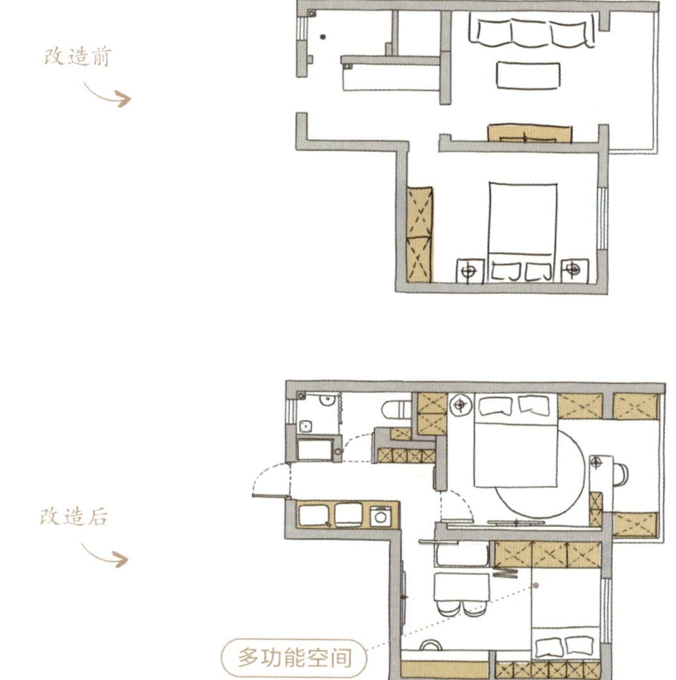

多功能空间，兼具餐厅、客厅、休闲室的功能，榻榻米房平时是休闲区，来客人时就变成了临时客卧，未来有了孩子也能当作儿童房。

▶ 3.转化卧室阳台的功能

卧室阳台封起来更隔声、更安全。在其一侧放置洗衣机，另一侧设计储物柜，同时利用原有墙体打造书桌区。

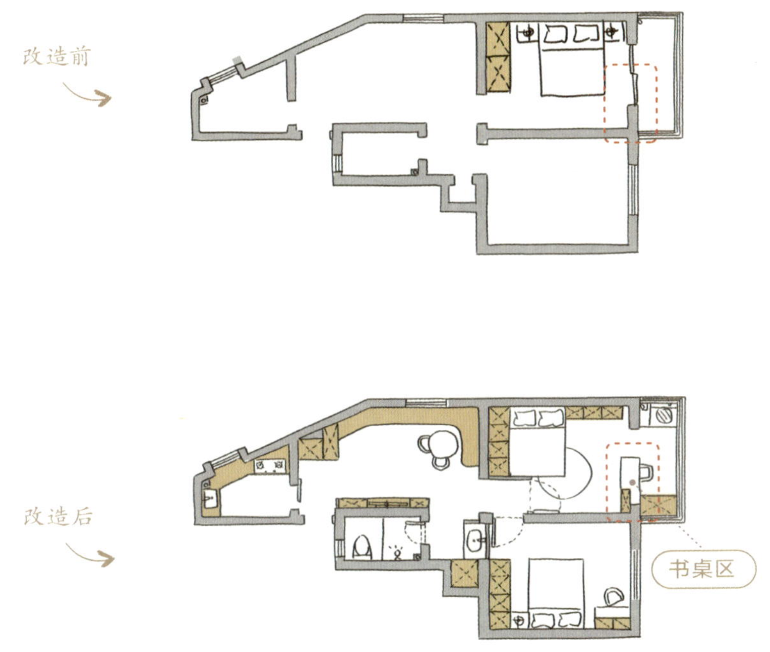

阳台改造要多加小心，老房外挑阳台窗户下方的配重墙不能动，以免影响建筑结构。

厨房、卫生间、卧室改造要点

▶ 1. 厨房

厨房是老房改造中的重点区域，涉及水电、燃气、收纳等环节。

➡ 1 拆除整改项目

在进行正式改造之前，确定好需要改造的项目，然后找专业人士对整改项目进行筛选拆除。

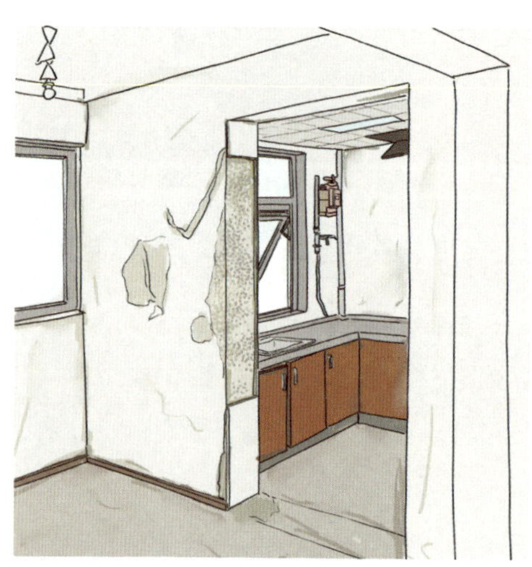

2 水电线路改造

在老房中，厨房水电线路老化，或原始布局不合理的情况很常见。

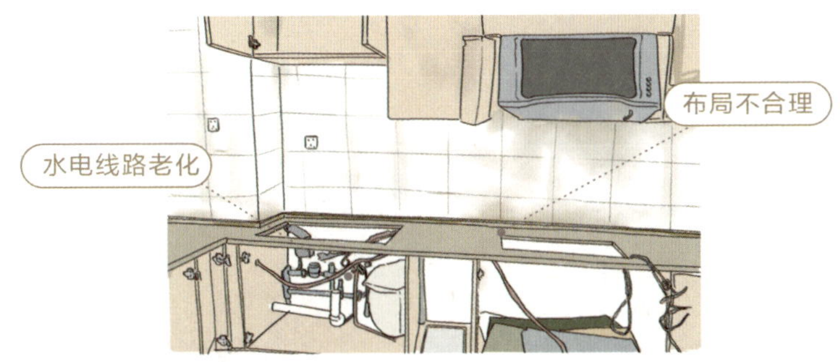

水电线路改造时应注意：

1.综合评估厨房用电，看是否需要增大电线铜线直径；

2.统计电器数量，考虑是否增加插座；

3.电线走顶应避开潮湿地带，以免带来安全隐患；

4.检查水龙头、水管是否有堵塞、排水不畅的情况，若有必要可增设；

5.热水供给，结合卫生间远近来决定是选择用全屋热水循环系统还是分开安装。

3 燃气改造

受房屋结构限制，燃气不能随意改动。不得不改动时务必征得燃气管理单位同意，找天然气公司或指定的专业公司负责改动，这样专业性、安全性更高。

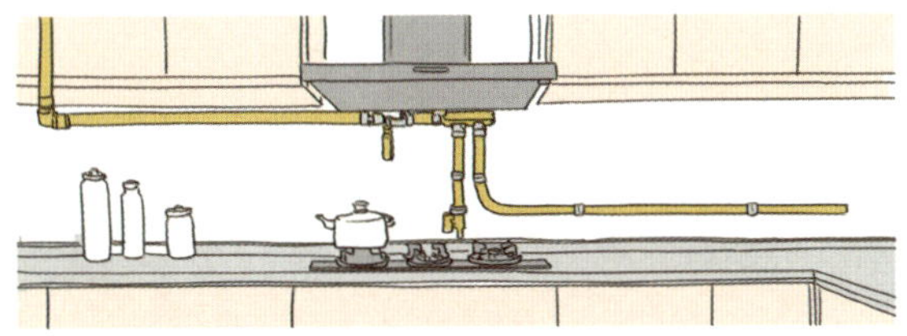

4 橱柜整改

橱柜用久了，五金、柜体坏损，油渍脏污很常见，需要维修、换新。一般老厨房的动线设计都不够合理，缺乏储物空间，所以整改重点是合理布置操作区，增加收纳空间。

改造前

改造后

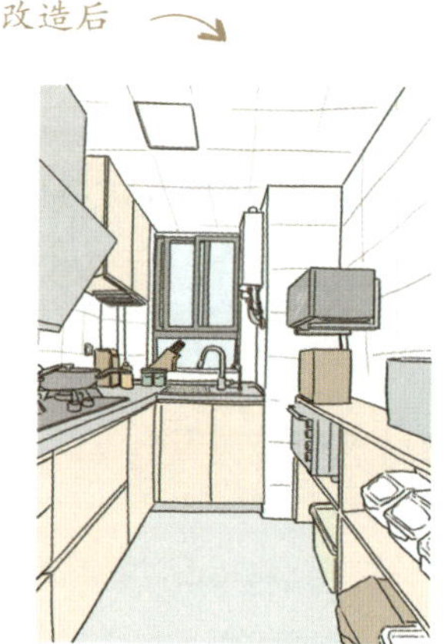

橱柜设计和水电关系密切，因此厨房水电最好由定制柜设计师结合屋主需求来规划。

2. 卫生间

卫生间作为使用频率高且易脏污、损坏的地方，翻新也较为复杂，往往涉及管道线路、防水处理、收纳等。

1 整体拆除

使用时间长的卫生间天花板、地面、墙面等，潮湿问题突出，需彻底拆除消灭细菌残留。

2 水电改造

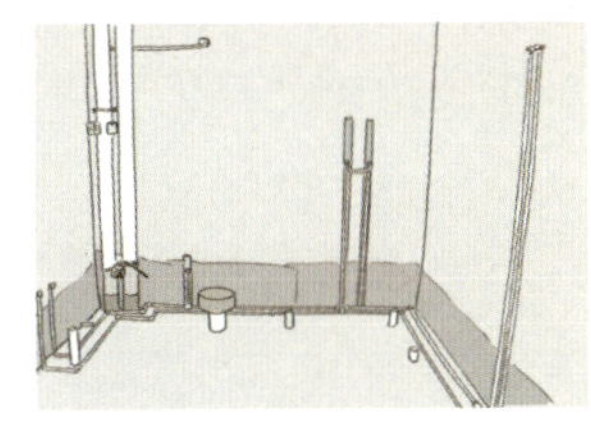

涉及浴霸采暖、灯光线路走向、水管入墙等问题。改造前需详细规划水电线路，改装完还要做好隐蔽工程，保障美观性。

3 找平、防水

墙地面找平之后再做防水，防水涂料要涂抹均匀，防止后期渗漏，墙面防水高度建议不低于1.8 m。墙地面等接缝处可以先刷“堵漏灵”再刷防水涂料，双重保险。

4 贴瓷砖

48小时防水试验无问题后，即可着手贴瓷砖。卫生间常年潮湿，要选防滑性能好的瓷砖。

5 洁具换新，增加收纳

洗漱台、马桶、龙头等换新，可选抽拉式花洒、水龙头。布置收纳柜、搁板等多种收纳设施，解决杂乱问题。

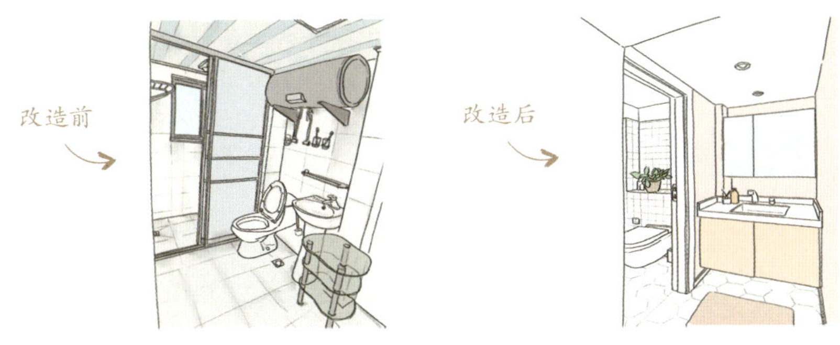

▶ 3. 卧室

卧室改造可能是为了适应家庭人口增多的状况，如从二人世界到萌宝驾到，从一孩到二孩等情况。另外增设衣帽间、书房功能也是常见的改造需求。

1 增加儿童房

方法一：向其他空间借面积，改造成卧室。

很多老房面积不大，只有1到2个卧室，可以借用其他空间来增加卧室。

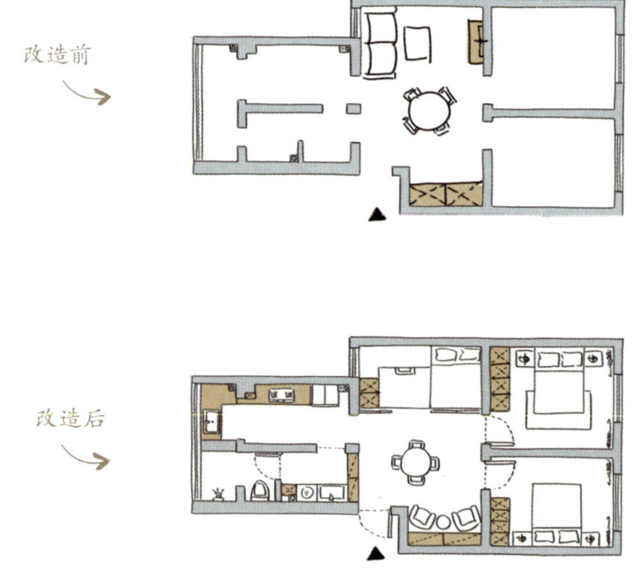

大客厅腾出一部分空间改造成卧室，还能规划出餐厅和阅读区，满足一家人的日常生活需求。

方法二：无空间可借，那就一房两孩同用。

◎ 直击改造痛点

空间不够大，双床没法摆；房间功能少，分区做不了；储物空间少，收纳有烦恼；家装污染大，安全没保障。

◎ 上下双床设计

一般儿童房要住两个孩子，面积都不太够用，下图的两种上下床设计可以参考。既满足了睡眠需求，也增加了学习功能。

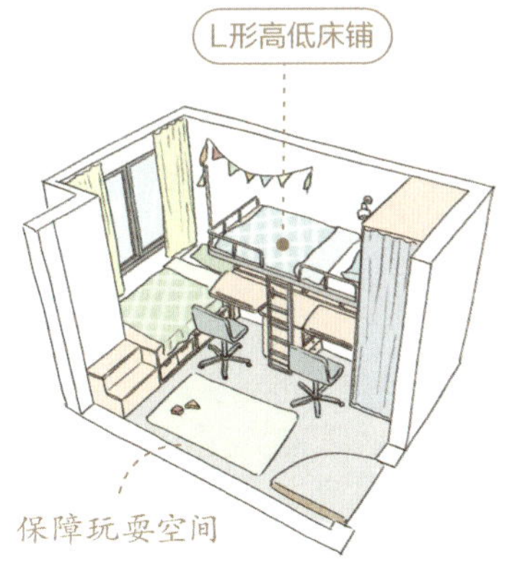

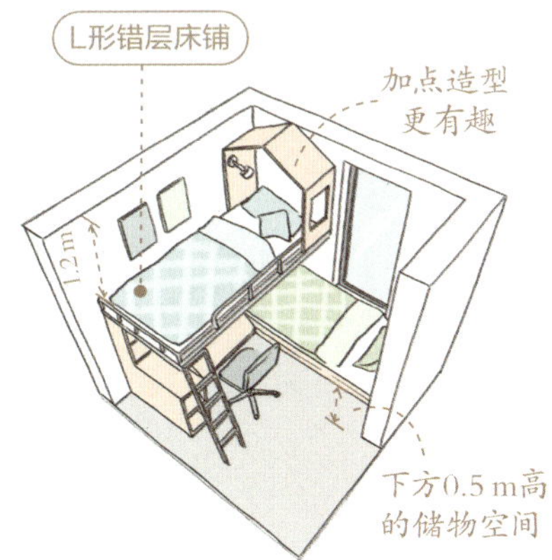

如果房间实在小，应首先要保障孩子的休息空间，储物功能可以向外就近转移。

◎ 定制柜设计

衣柜可以做到顶，充分利用竖向空间，并用不同颜色划分两个孩子的衣柜区，内部用活动层板，隔板、衣通可以随孩子身高调节。

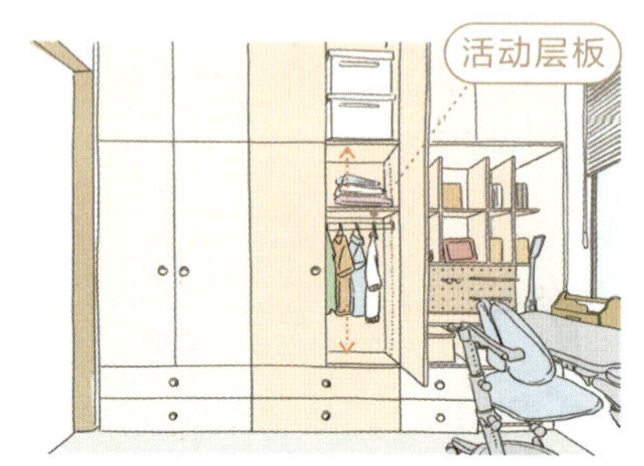

抽屉式床榻，开放格、储物盒等都能增加储物空间，方便收纳小朋友的玩具。将柜门换成布艺帘也可以节省空间。

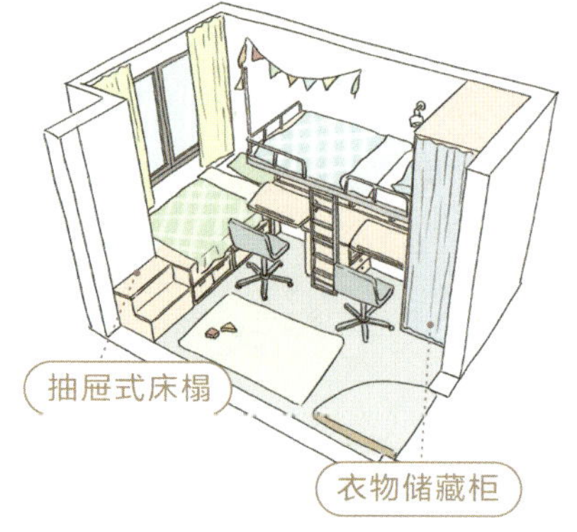

一些成品可移动式收纳装置可以作为儿童房的补充收纳使用。

◎ 选环保板材

在选择装修材料时，更推荐大品牌，品质更有保证；
关注环保标准，可以考虑进口定制板材，更安心。

2　卧室改造布局参考

在保障一定储物需求的前提下，要满足书房功能，有以下几种常见的布局形式，在老房卧室改造中可以参考。

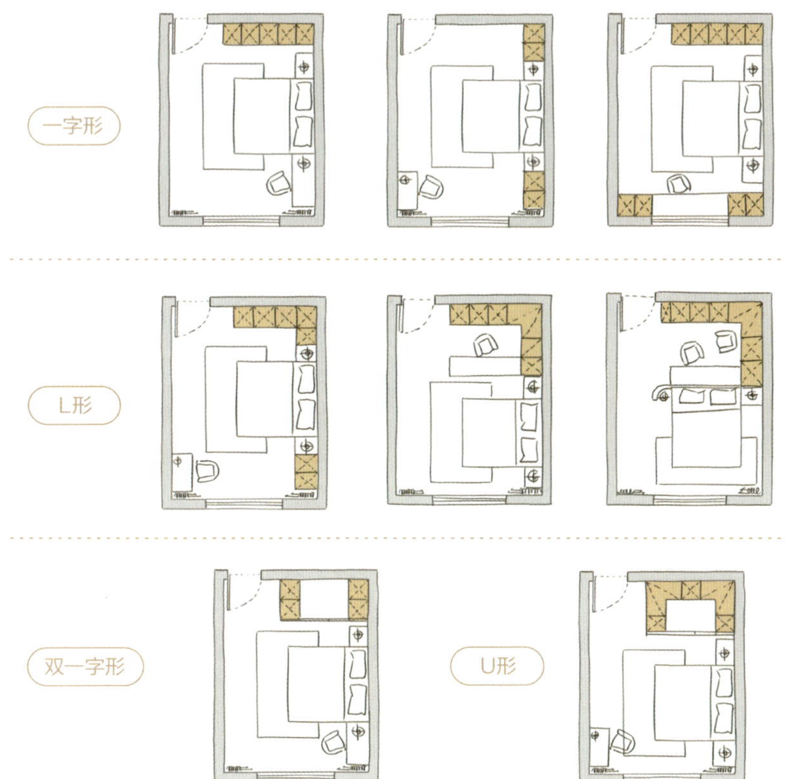

老房其他改造细节

▶ 1.老房隔声改造

门窗年久破损需要更换，可以选择断桥铝 + 中空玻璃，耐用又隔声。实木门或实木复合门（桥洞力学板）能更好地阻隔噪声。

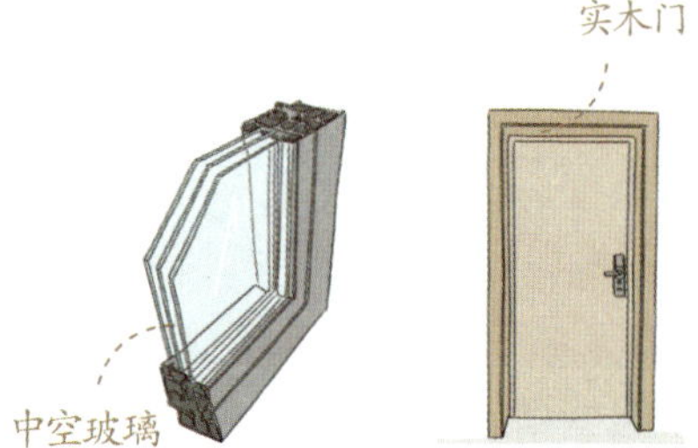

卧室背景墙做软包，既隔声，又能装饰空间。

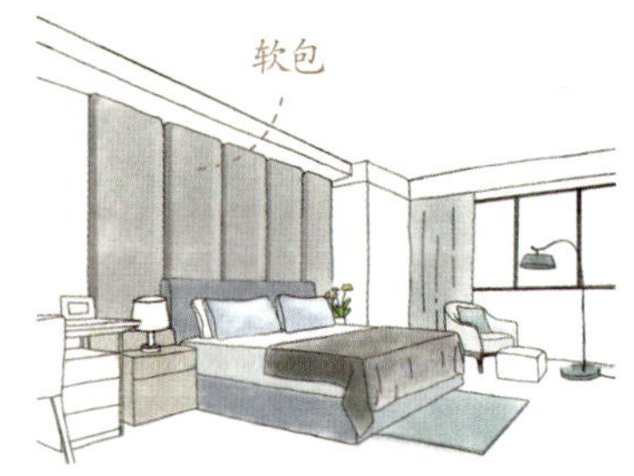

▶ 2.以浅色调为主

空间小、光线不佳时，用浅色调更好。小户型用大面积的白色，能让家里看上去更明亮、更显大。

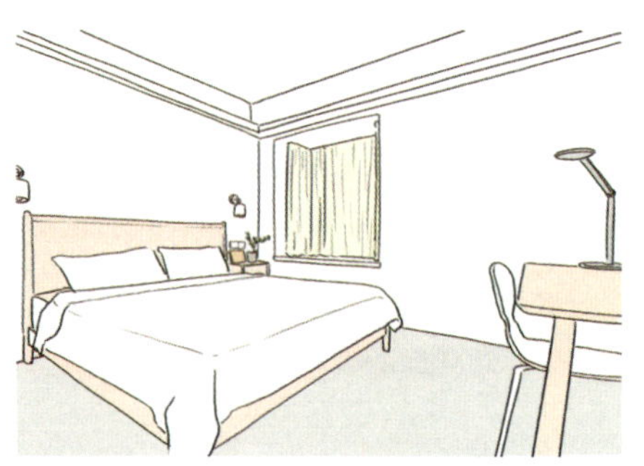

▶ 3.老房采光改造

为了引进更多自然光线，在不影响结构安全的前提下，可以扩大门窗洞口，减少不必要的隔断墙，比如开放式厨房就是不错的选择。

如果无法减少墙体，光线幽暗的地方还能通过增设室内窗来增加采光，提升空间的通透性。

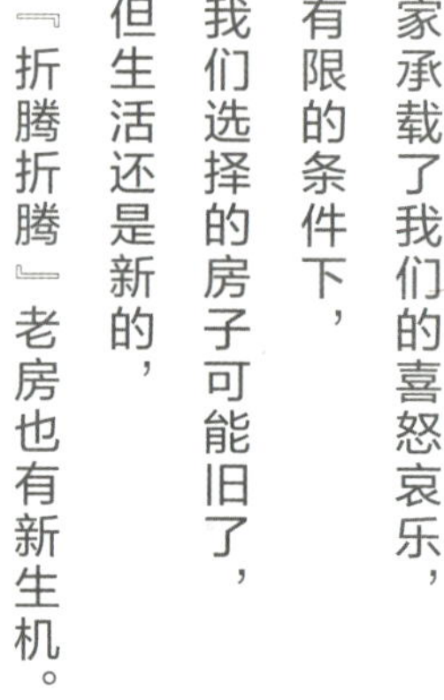
家承载了我们的喜怒哀乐，
有限的条件下，
我们选择的房子可能旧了，
但生活还是新的，
『折腾折腾』老房也有新生机。

和家
好好相处

第8章

当你老了,我想为你打造这样的家

「适老且宜居，给爸妈设计的家」

渐渐变老的父母都是“老小孩”，而家就是他们养老生活的载体，要考虑得再细致一点、再安全一点。

对于变老，父母说……

1.生理上

- 感知能力退化
- 记忆力下降
- 关节病、慢性病

▶ 2.心理上

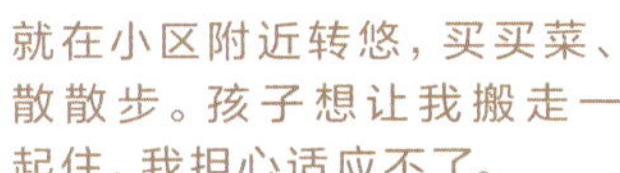

01

习惯了单位生活，现在待在家里，孩子们都不在身边，心里烦躁还空落落的。

02

老头子睡觉爱打呼噜，我睡觉又浅，平时都分床睡。

03

- 喜欢待在熟悉的地方
- 退休之后的失落、孤独
- 需要相对的私密空间

▶ 3.习惯上

- 养花、养草、养宠物，有个人爱好
- 生活规律，注重健康
- 习惯节约，不喜欢扔东西

对父母来说，有可能一套房就能住一辈子，通过这些能看到父母上年纪之后在家的难，安心养老就要让父母在家住得安全、住得开心。

养老话题，离我们并不遥远……

“你陪我长大，我陪你变老”，特别是对于80后和90后的人来说，父母养老是绕不开的话题。对父母来说，家是情感寄托的地方，大多数也都不愿脱离家庭来考虑养老问题。

▶ 关于父母养老，孩子是怎么想的呢？

和父母在家安心养老的美好期待冲突的是居家生活中存在的隐患。

经常忘东忘西

一不小心就摔了

坐久了站起来都费劲

情绪失落，孤独感增强

数量惊人的老旧物品

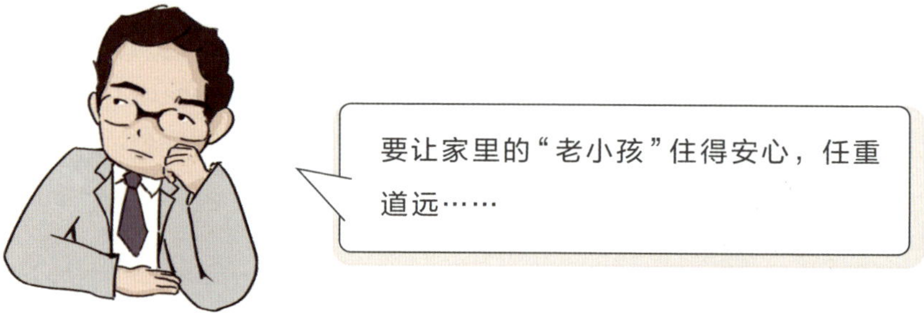

安心养老，需要一个适老的家

基于父母的居家活动，对家进行一些适配的设计或改造，安全便捷是第一原则。

▶ 1.关于适老的“家”的3个不等式

➡ 1 适老的“家”≠无障碍的“家”

我们探讨的家居适老化是介于通用和无障碍之间，更多的是针对60周岁以上能自主生活的老人。

➡ 2 适老的“家”≠老了之后才考虑的“家”

趁父母身体还健康，多观察他们的生活习惯，量身定制后半辈子的家，早考虑、早受益。

➡ 3 适老的“家”≠简单物理改造的“家”

让老人住得安全、住得舒服不是装几个扶手、摄像头就可以的，更多生理和心理的需求更值得被关注。

▶ 2.合适的社区环境应具备的条件

环境

社区环境
安静卫生

生活

生活方便
配套设施齐全

楼层

楼层不宜太高
要有电梯

采光

采光、通风
条件良好

▶ 3.关于适老的“家”的四大基本原则

原则一 视线通、路线通

动区保持视线相通，方便交流照看，减少不必要的路径，确保家居动线的流畅。

原则二 地面平、尺度够

设计好满足父母活动需要的舒适空间，应避免室内地面有高差，以防老人摔倒。

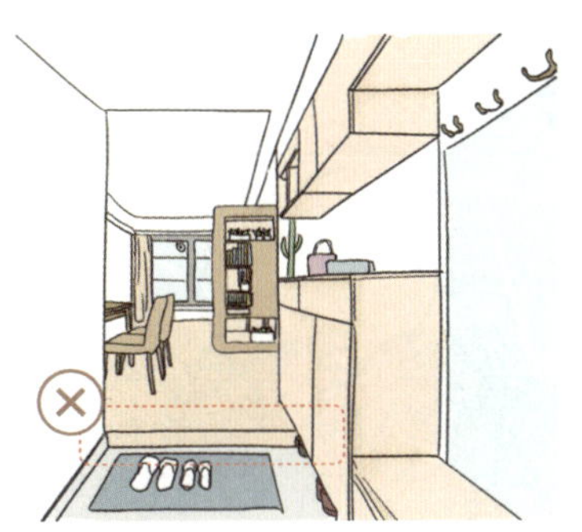

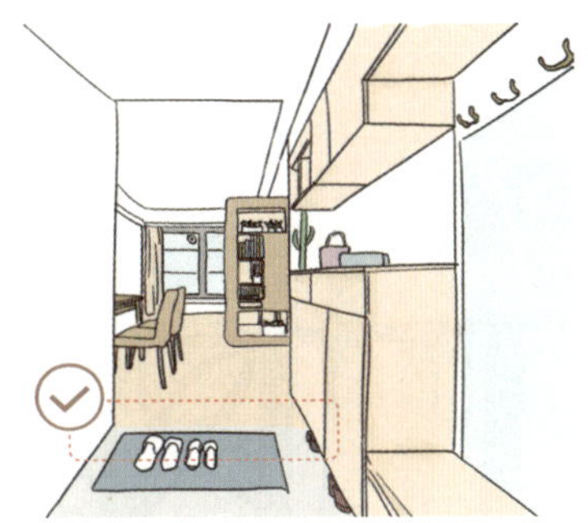

原则三 台面多、收纳足

老人习惯把东西放到看得见的地方，物品往往多且杂，因此需要足够的台面和充足的收纳空间。

原则四 兼顾老人爱好

观察父母的生活状态，种花养狗、练字阅读，把爱好装进房子，激发老人对生活的热情。

接下来走到家里，看看从硬装、家具到灯光等具体应该怎么做。

选择安全、好打理的装修材料

反光性强、过于明艳光亮的材料不要用！
造型繁复的材料不要用！

▶ 室内“三面”，面面俱到

1 地面

◎ 注意防滑，更推荐木地板代替瓷砖，厨房、卫生间的地面尤其要注意防水防潮、耐污好打理；

◎ 材质安全耐磨，符合安全标准，避免使用易燃、易坏的材料；

◎ 地面花纹不宜繁复，否则容易引起晕眩。铺设地毯区域谨防地毯卷边起翘，绊倒老人。

2 墙面

◎ 耐脏好打理，降低打理难度；

◎ 选用色调柔和、无反光的材质，质感温润，避免冷硬；

◎ 厨房、卫生间的墙面注意防水防潮，推荐亚光质感的材料；

◎ 墙面的隔声要好，尤其是卧室这种休息空间要保持安静。

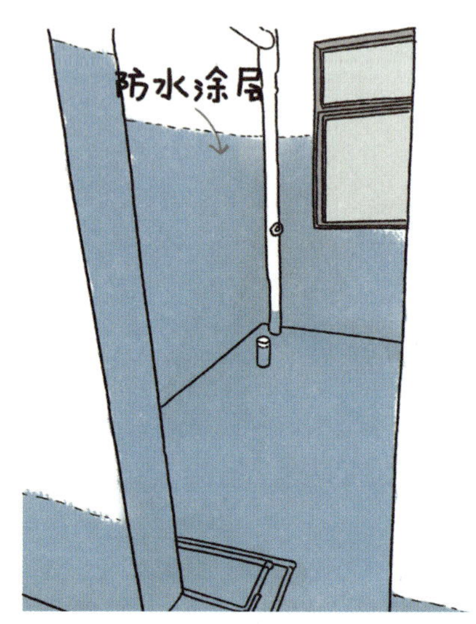

3 顶面

◎ 避免复杂的吊顶，以简约为主；

◎ 厨房、卫生间注意防潮性能。

复杂的色彩、图案对父母来说是负担

▶ 视觉“三看”：色彩、图案、光亮

◎ 浅墙地、重软装：选用素色、浅色的墙、地面，避免幻视；软装可用彩色点缀，方便老人识别家具。

◎ 色彩宜温暖：过暗、过冷的色彩易使老人产生负面情绪。

◎ 忌反光折射：玻璃门、镜子、地面等，反光后易产生眩光，影响老人视线。

◎ 忌图案繁杂：避免复杂拼贴、流动感强的图案纹理，这种纹理易造成眼花，让老人缺乏安全感。

爸妈家里的灯光布置要更细致

▶ 1.灯光“三问”——“where、what、how”

老人家里灯光布置的要点是尽量见光不见灯，在适当的位置补充灯光，多种光源组合设计。

➡ 1 where：灯光布置在哪里

入户

厨房操作台

卫生间

起夜过道

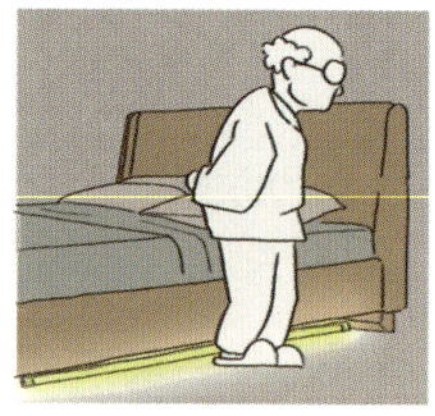
床边

衣柜

➡ 2 what：灯光如何选择

高效能、光线柔，色温以3500~4000 K为主，需考虑灯具的使用寿命和更换的便捷性。

3 how：灯光如何布置

灯光角度要调至照射无阴影，并避免直射眼睛。局部可以增加辅助照明，如台灯、落地灯等。

2.照明和电源设备的使用，要注意以下问题

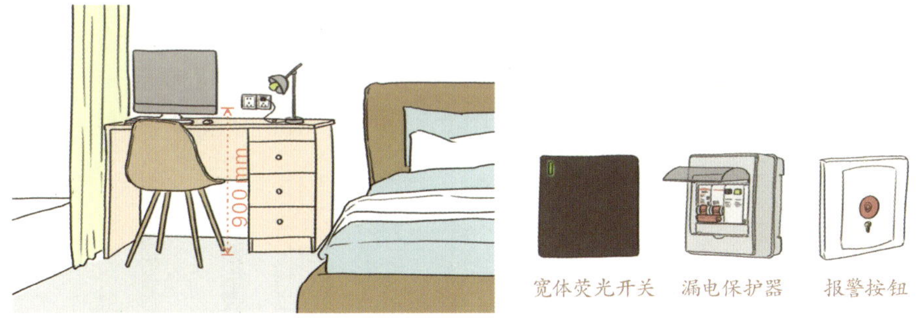

◎ 常用的插座安排在写字台、电视柜等台面之上，距地0.6~0.9 m，减少弯腰操作频率。

◎ 选用易识别宽体荧光开关，卧室要设双控开关（进门+床侧），安装高度距地面1.2 m左右。

◎ 安装漏电保护装置。

◎ 有条件的卧室安装一键报警器。

看到父母在家的难，空间更要细细考量

▶ 1.入户——换鞋区+储物区+悬挂区

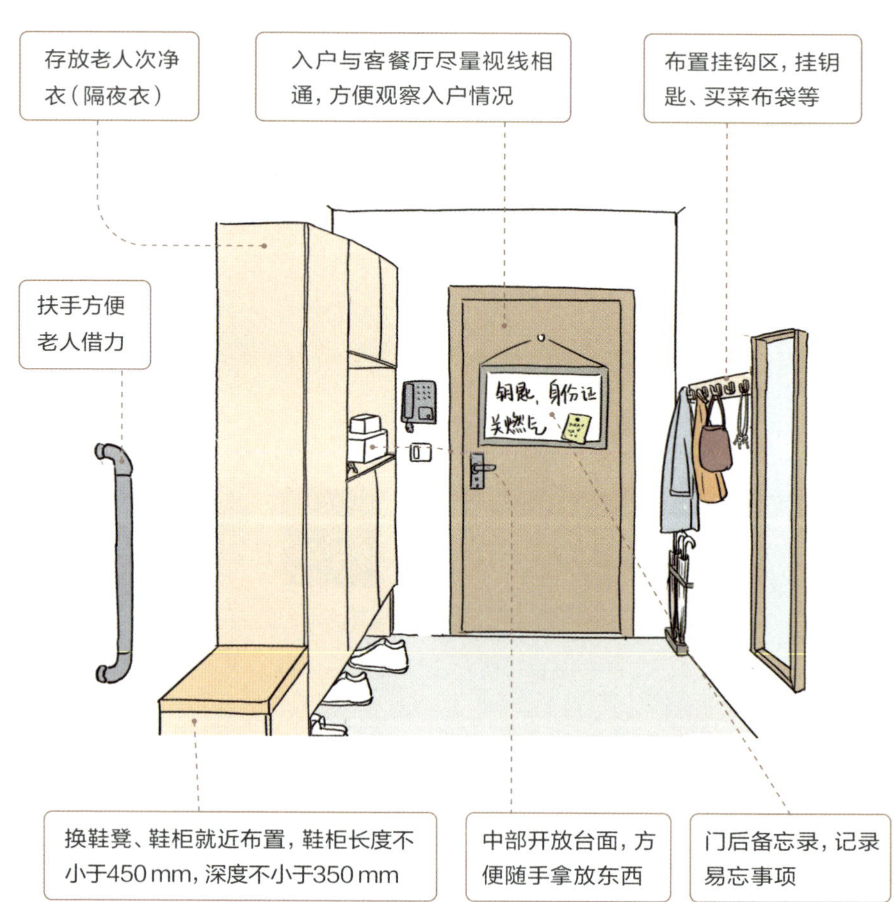

2.客餐厅——储物区+沙发区

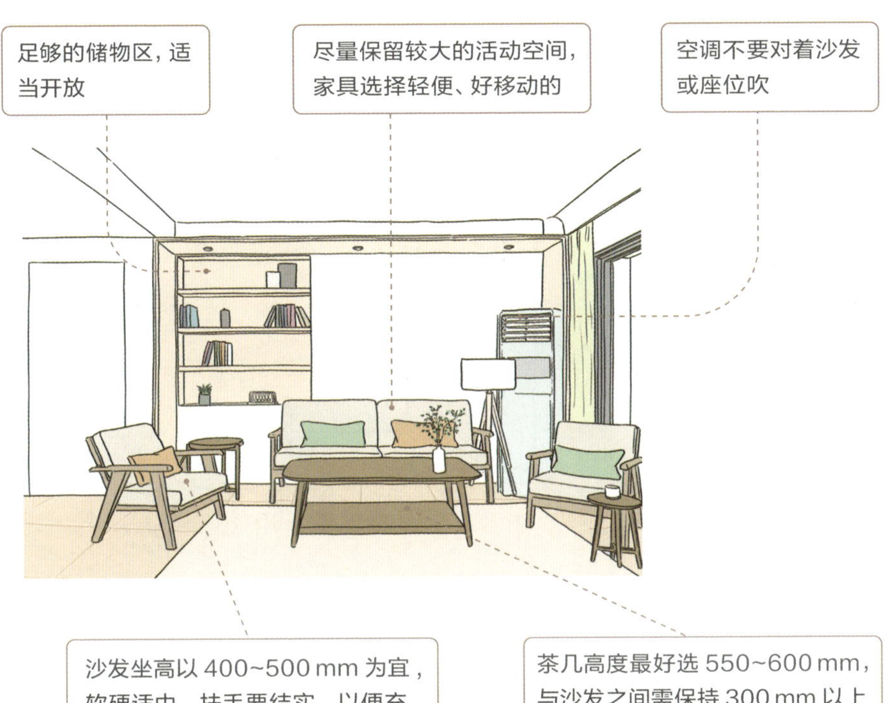

布置餐边柜，中部留有台面，方便随手拿放物品

▶ 3.厨房——食品区+洗涤区+烹饪区+切配区+电器区+（就餐区）

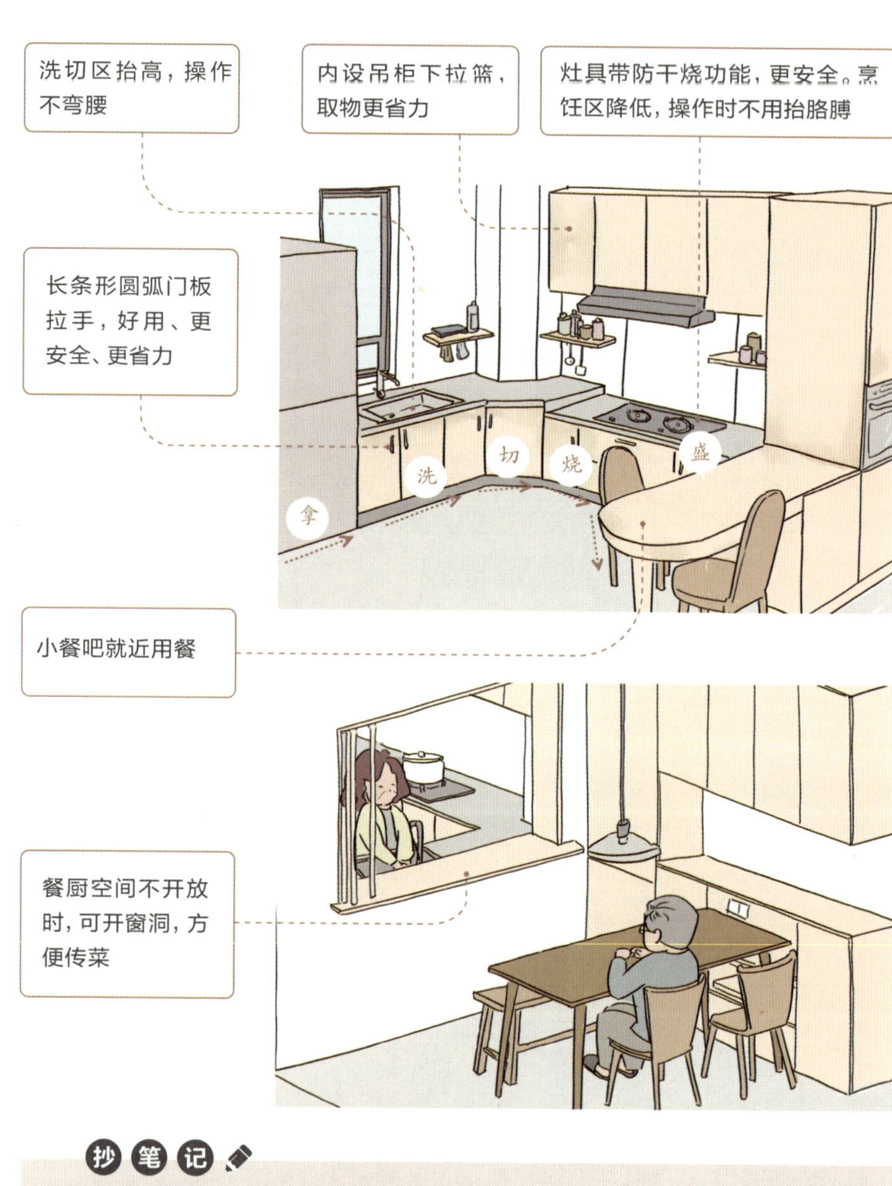

抄笔记

切配台高度=身高/2+5（cm）

烹饪台高度=身高/2（cm）

洗涤台高度=身高/2+10（cm）

▶ 4.阳台——洗涤区+晾晒区+储物区+绿植区

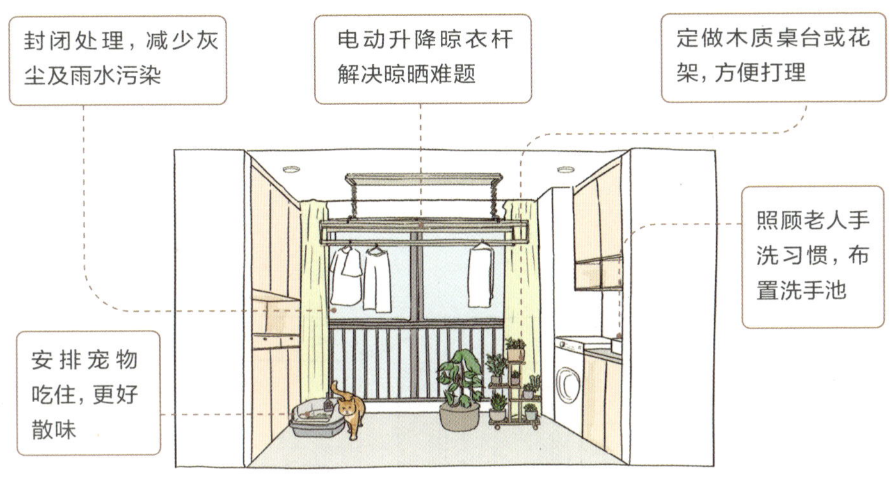

▶ 5.卧室——储物区+电视区+睡眠区+休闲阅读区

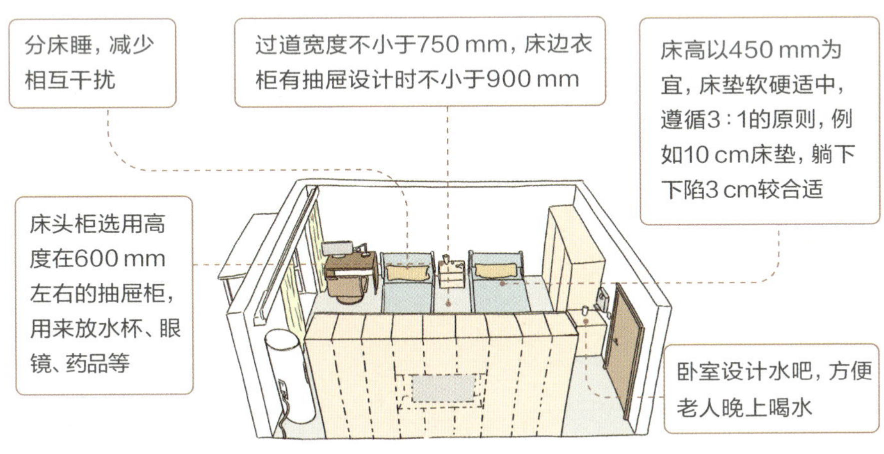

注意：空调不要正对床头及老人常待的地方吹！

▶ 6.卫生间——如厕区+洗漱区+淋浴区+储物区

卫生间干湿分离，避免湿区使用时溅水带来安全隐患。

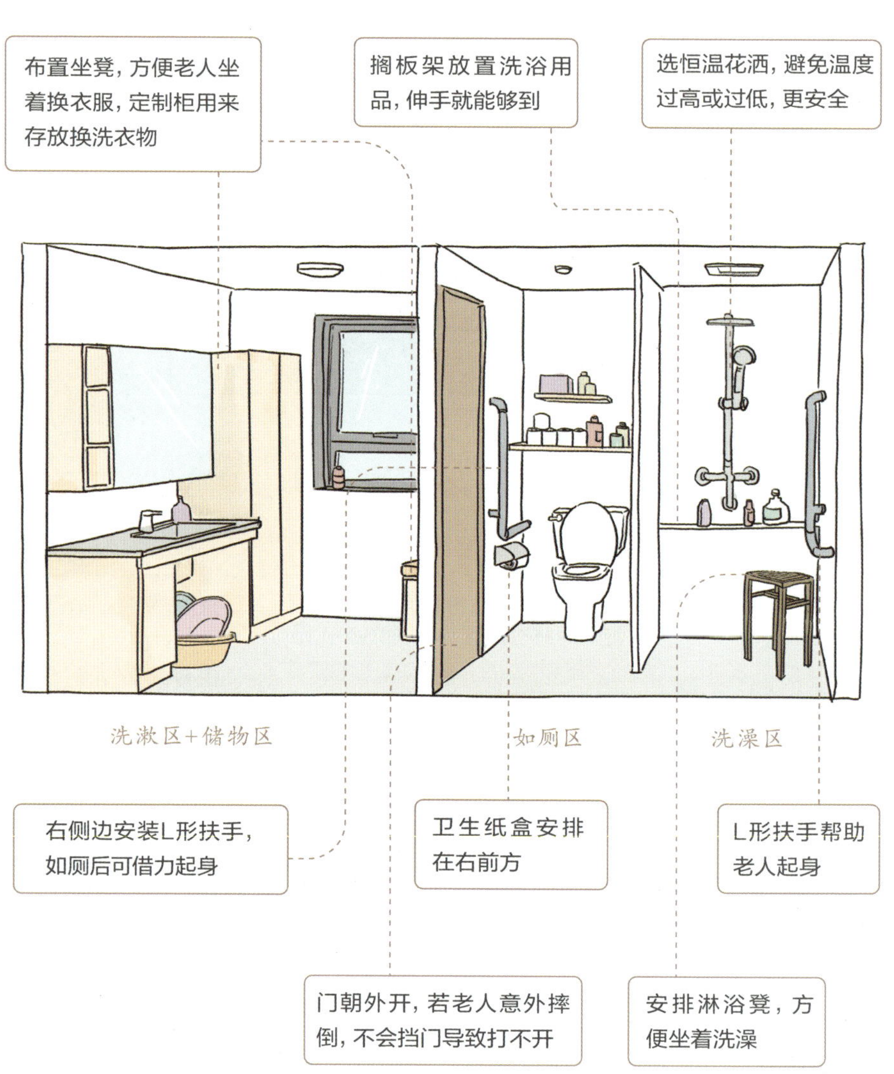

爸妈的储物量可能超乎我们的想象

收纳不是简单地把东西收起来，对老人来说，更重要的是拿放方便、安全。

▶ 老人收纳4个重要关键词：随手、养生、囤积、旧物

“随手”
喜欢东西放在看得见的
随手就拿的地方

“囤积”
较多的生活用品等

“养生”
健康、养生、锻炼身体的物品

“旧物”
闲置也不舍得扔
有纪念意义

承担老人储物的重要角色就是柜子，什么样的柜子更好用呢？

玄关柜

换鞋凳+抽拉式穿衣镜+收纳

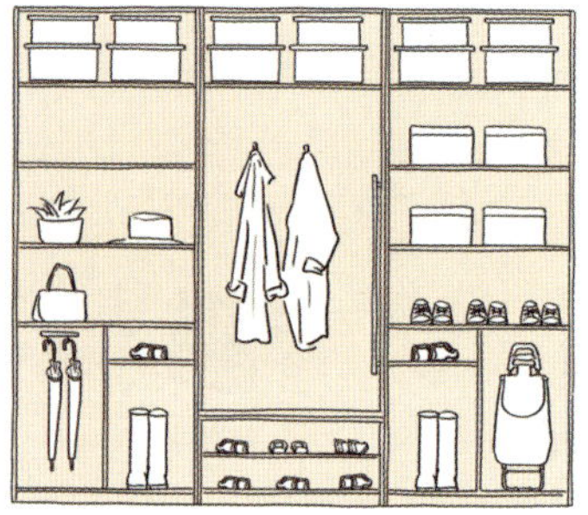

衣柜

茶水台设计，方便老人晚上喝水

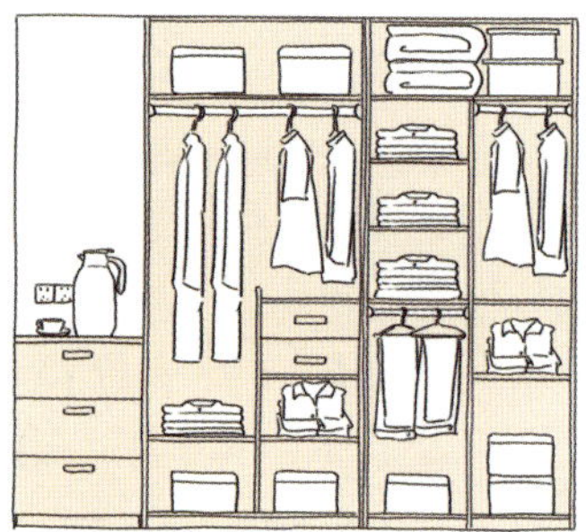

橱柜

厨房高低台设计，更符合人体工程学

卫浴柜

镜柜收纳常用物品

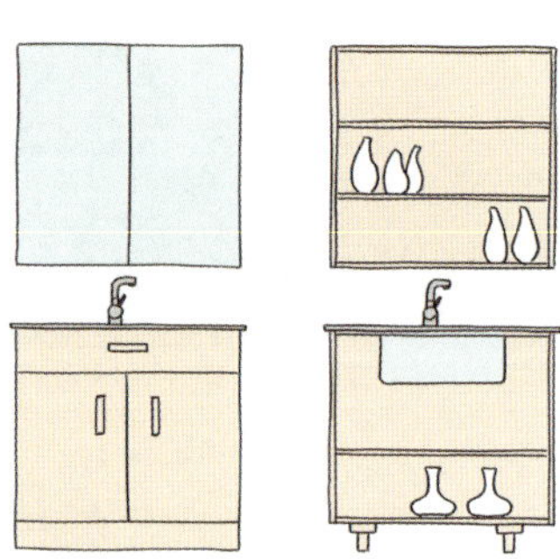

爸妈抗拒的不是智能设备而是麻烦

很多智能设备操作复杂，别说是老人，年轻人也要花一番工夫才能搞懂，让老人勉强去学反而是负担。不需要父母太多操作的智能产品更实用。

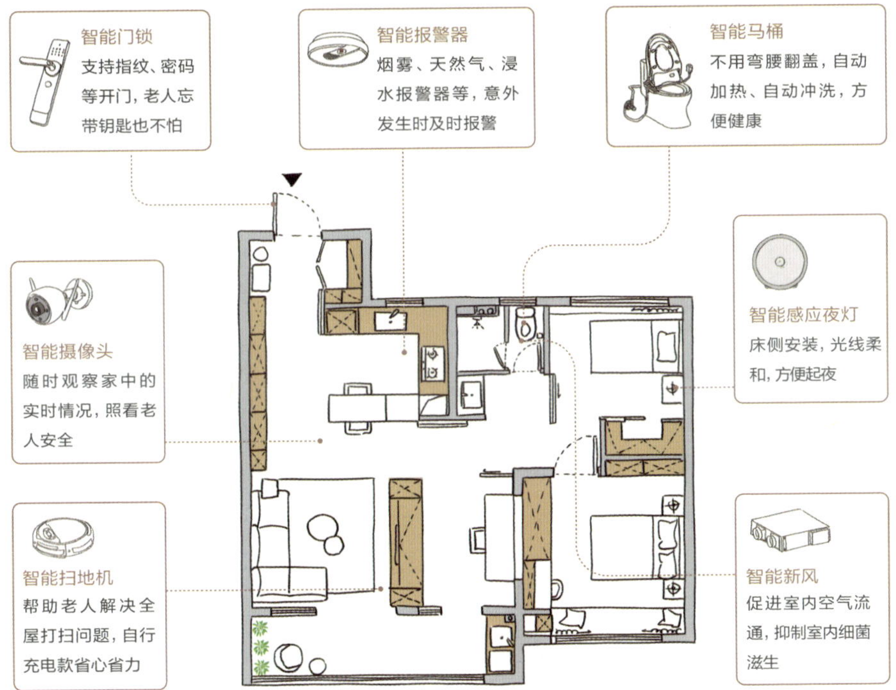

适老化设计早考虑、早受益，不要求一步到位，满足当前需求即可。确保空间的可能性，结合父母的需求和房子的条件，做好深入改造的准备。

适老化设计案例

60岁之后，生活依旧装满热爱、井井有条。

房屋信息

居住成员：老张两口

屋主年龄：60+

面积：67 m^2

爸妈年纪慢慢大了，一直住在老房子里，我又不在身边。去年我找设计师给爸妈改造了养老房，开始他们觉得麻烦，入住后觉得“折腾”也值了。

▶ 1.老房子承载的都是回忆，爸妈舍不得搬

这套房子还是我爸的单位分房，陪着他们从年轻岁月到现在。家里好多老物件，我上学时候的奖状、练习册，我妈都好好收着。选择改造，就是想让他俩住得更舒服。

回到家，手上的东西顺势就放到厨房台面上了，台面做成圆弧形更安全。换鞋凳一定要给老人准备，很实用。

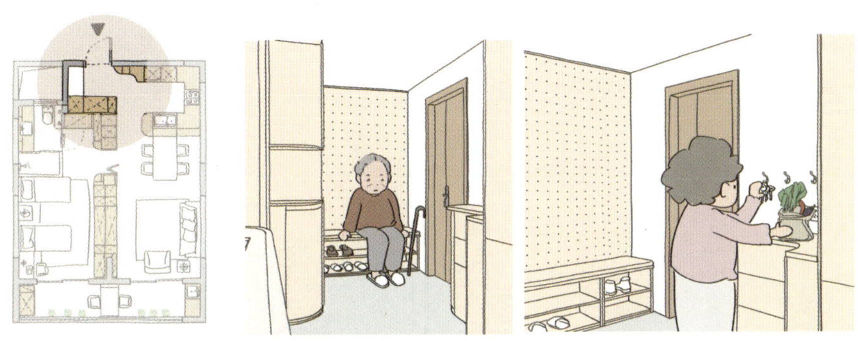

▶ 2.做饭这件事，从来都是我妈说了算，我爸打下手

自从退休之后，我妈就跟着视频学做各种美食，当然我爸也跑不了，总会被拉着打下手。他总说心血来潮的是我妈，但最后折腾的是他。

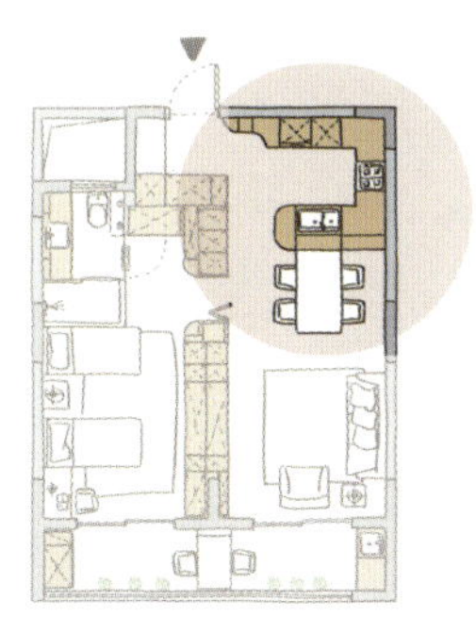

客餐厨开放设计，视线沟通更顺畅。厨房呈U形布局，操作动线流畅；高低台设计，做饭不弯腰。

▶ 3.关于爸妈的“小固执”，我学会了理解

之前很不理解爸妈，一些老旧的东西怎么都不扔，还总是把各种袋子、纸盒留着。现在想想，我们就是把自己的想法强加给爸妈，自己都做不到“断舍离”，何必要求本就念旧的爸妈。节俭是他们那一代人的品质。

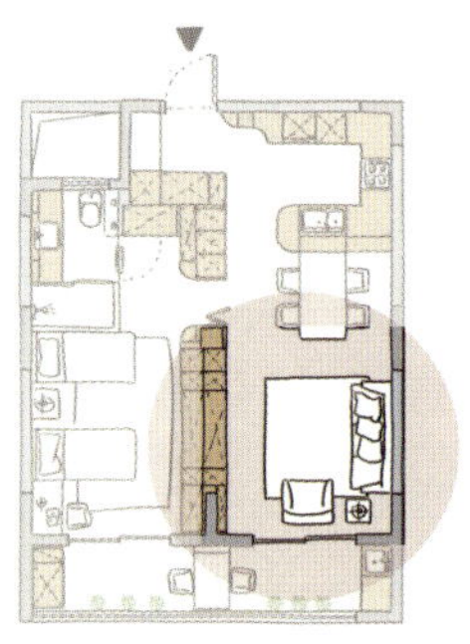

储物柜占据了将近全屋面积的20%，爸妈喜欢把东西放在看得见的地方，在设计定制柜时适当规划了开放的收纳空间。

▶ 4.爱好从来和年龄无关，退休后时间花在生活上

我爸有几十年的“棋龄”，棋友遍布，号称打遍小区无敌手，隔三差五地要约人对战几局。

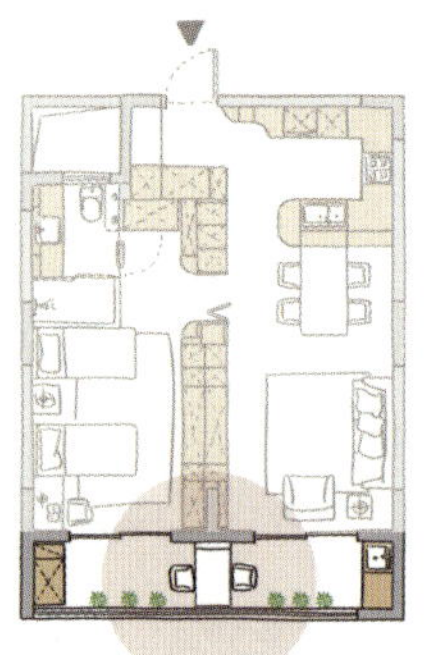

▶ 5.在尊重爸妈想法的前提下，对卧室、卫生间做了改造

在做适老化改造时，有些东西难免会触及爸妈的敏感点，尤其在装扶手这些辅助设备时。在和爸妈沟通之后，决定只在淋浴间装，后期如果有需要再加装也不迟。

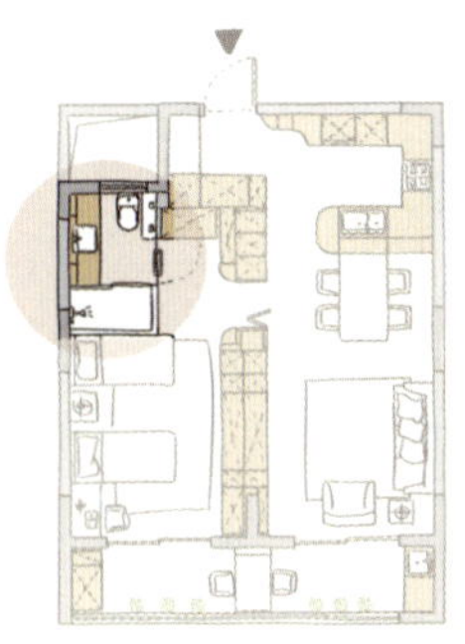

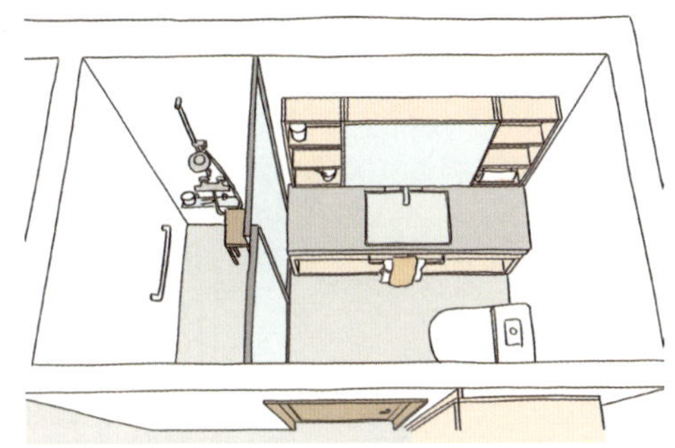

我爸睡觉会打呼噜，我妈睡眠又比较浅，所以在卧室放了两张床，这样干扰也少一点。卧室衣柜的容量很足，老人家的衣服都习惯叠放，就多做了一些隔板。L形的衣柜，方便衣服分开放。

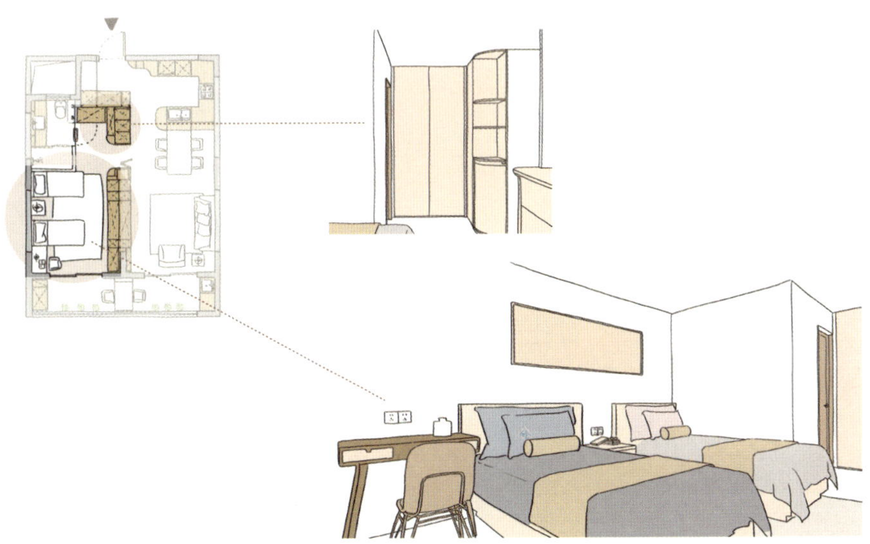

▶ 6.在我的坚持下，装了这些智能设备

当初说要装一些智能设备，爸妈的第一反应就是不会用、别乱花钱，用了之后才发现很实用。

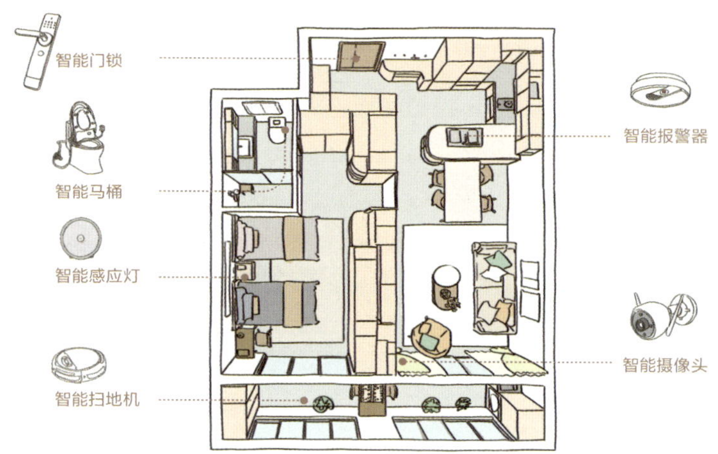

在房子的实际改造过程中，我也是第一次设身处地地感受了爸妈退休之后的生活，学会了平等地和他们对话，更多了一些理解。

住了大半辈子的家，经过这一次改造，我们住得很自在，孩子们也更放心。

房子承载的是生活，
我们希望的老人的『家』是能保证
老人起居安全、
为他们提供心灵慰藉的地方，
一套房、一家人，是身心所归。

第9章

从精装房到梦想中的家，还要做好这些

「性价比很高的个性化改造技巧」

装修改造，是把房子变成家的过程。从标配精装房到个性化的梦想家，每一步改造，都在接近理想的生活。

精装房不够“精”

终于等到交房日，心心念念的精装房，本想拎包入住，结果惊喜变惊吓。

理想中的精装房

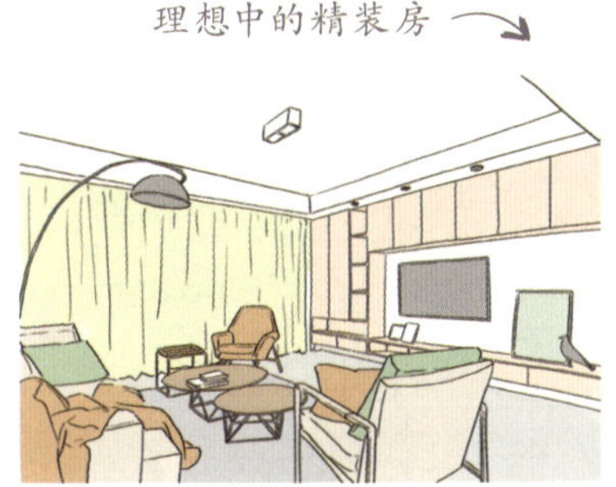

收房后的精装房

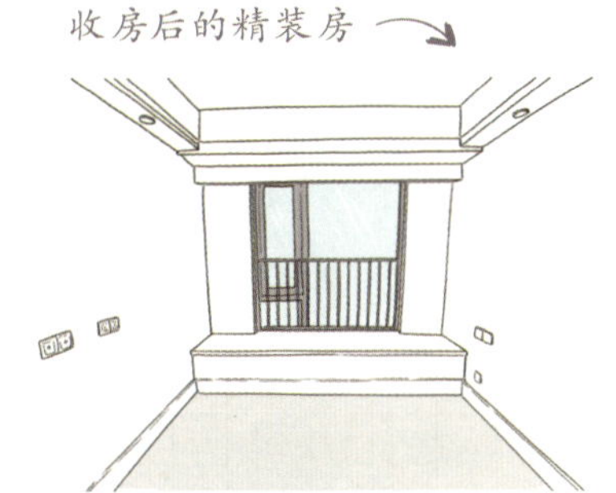

精装房≠拎包入住

大部分精装房只是做好了硬装部分，有的包含入户柜、橱柜、卫浴柜等大件定制柜，比起毛坯房装修可以省去不少气力。但想要拎包入住，这样的装修还远远不够“精”。

深化设计跟着这个流程走

信息采集 → 二次规划 → 定制家具 → 电器选择 → 成品软装

可以请专业的家装设计师帮忙，省时间、省精力，效果也有保障。

▶ 1. 第一步：信息采集

➡ 1 图纸信息采集

◎ 设计师CAD平面户型图

如果你请了专业的家装设计师，由设计师来测量绘制平面户型图，并标注出关键数据。（层高/吊顶高/飘窗高/结构梁柱/空调位置/窗帘盒/开关、插座、灯位等数据信息）

◎ 售楼户型图

从房产商那里要来售楼平面户型图，进一步了解家具摆位信息。有些房产商还会提供720° 全景影像，可查看色彩搭配情况。

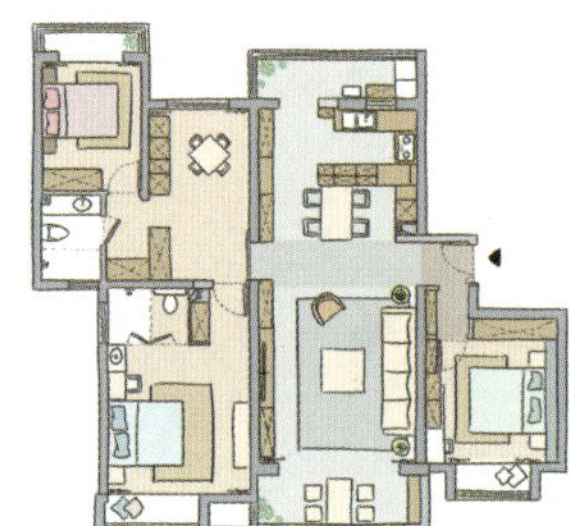

2 现场图像采集

现场实地拍摄每个房间的照片和视频，照片正拍或45°角拍；视频尽量拍慢拍全，天花板和地面都要有，拍摄顺序要有关联性。

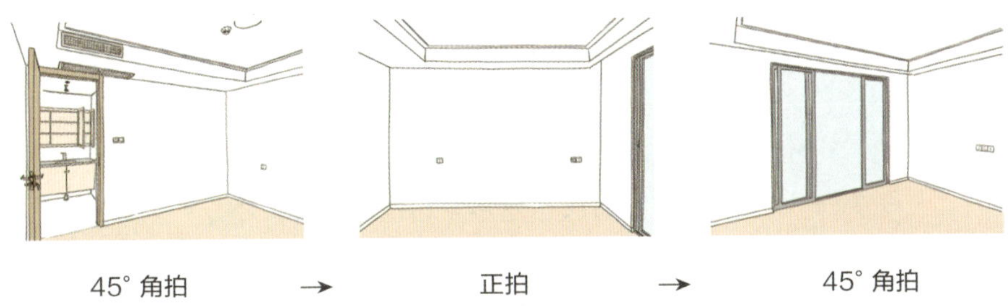

45°角拍 → 正拍 → 45°角拍

3 柜子、门、地面颜色信息采集

房间标配的柜子、室内门、地板、地砖、墙面等颜色，会影响全屋的设计风格。

4 风格需求采集

◎ 房间属性：根据家人的生活需求和习惯，确定每个房间的功能划分，例如需要几个卧室等。

◎ 设计风格：向设计师提供自己喜欢的风格参考图，确定设计风格；根据硬装风格定制家具，搭配软装。

▶ 2.第二步：二次规划

根据家人需求，重新审视房子，二次规划。

◎ 入户看

1. 有无入户柜，功能是否齐全合理；
2. 门板款式与颜色是不是自己想要的风格。

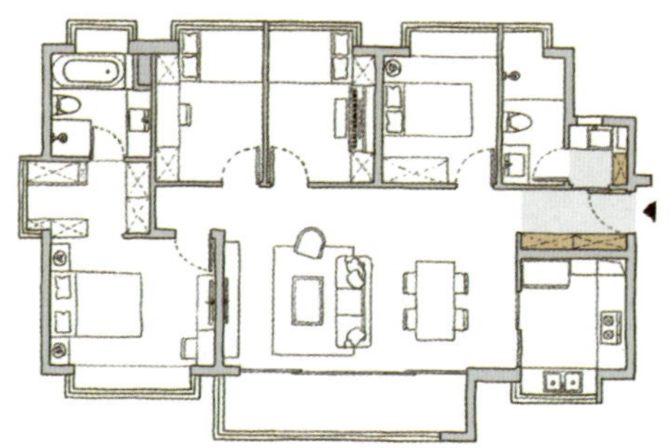

◎ 客餐厨看

1. 厨房功能是否齐全；
2. 餐厅区域考虑设计餐边柜或西厨，作为厨房功能的补充；
3. 餐桌位置和形式是否合理；
4. 客厅沙发面和电视机面的定位是否合理。

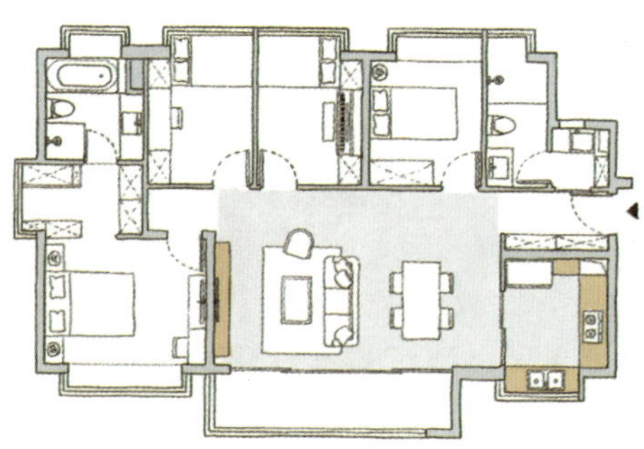

◎ 卧室看

1 床品大小，床头背景；

2 衣柜形式，飘窗、空调位的预留；

3 整体布局是否需要调整(需考虑电位、灯位是否支持)。

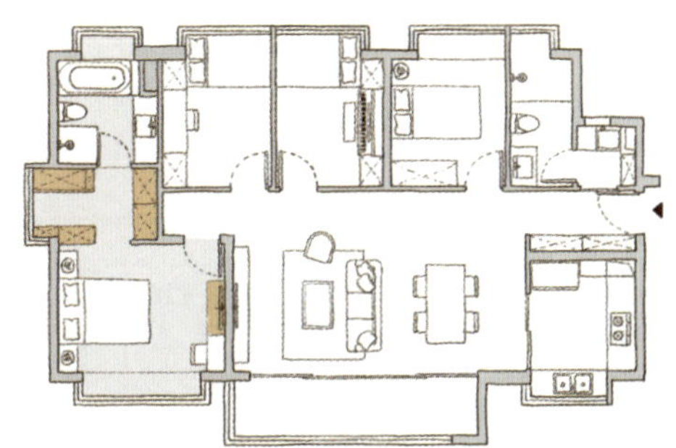

◎ 硬装看

阳台铺墙砖，封阳台。精装房阳台做封窗处理，如果家政区在阳台，建议局部铺砖，能更好地防水。

精装房加装暖气片，可以走明管，做好线路规划，明布暗藏，利用定制柜走线。

了解了房子的布局现状，就能做二次规划，应尽量基于现有条件来做，满足家人的需求。大型开发商样板间一般会请专业家装设计师来设计，可以参考。

案例 不动墙，打造一个休闲交流吧台

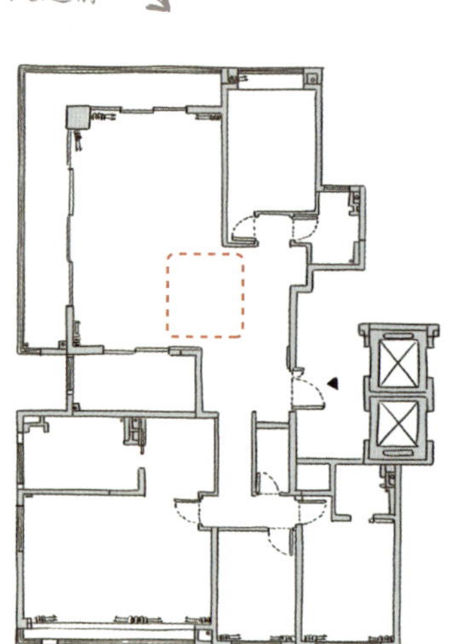

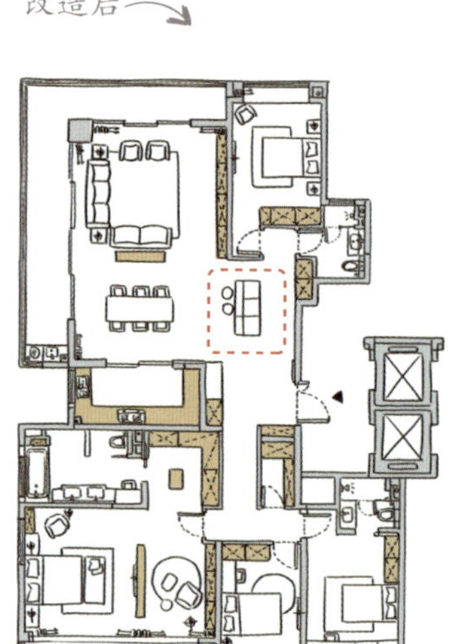

▶ 3.第三步：定制家具

不想砸墙、拆地，可利用定制柜改善不合理空间，塑造自己喜欢的风格，同时规划全屋收纳空间。

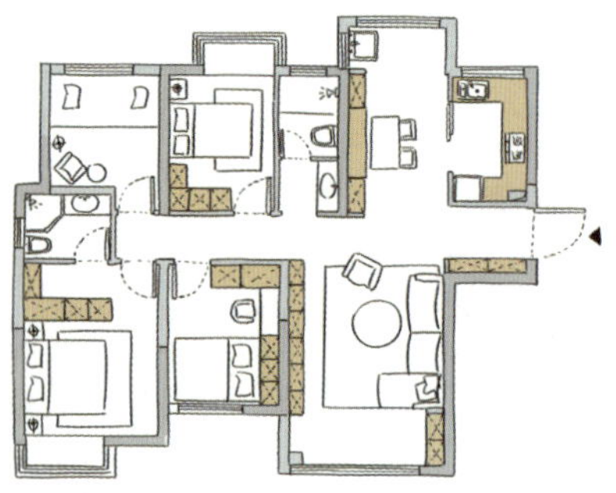

案例 利用定制柜增加西厨功能

在不动硬装的前提下，利用定制柜实现西厨和餐厅一体设计。

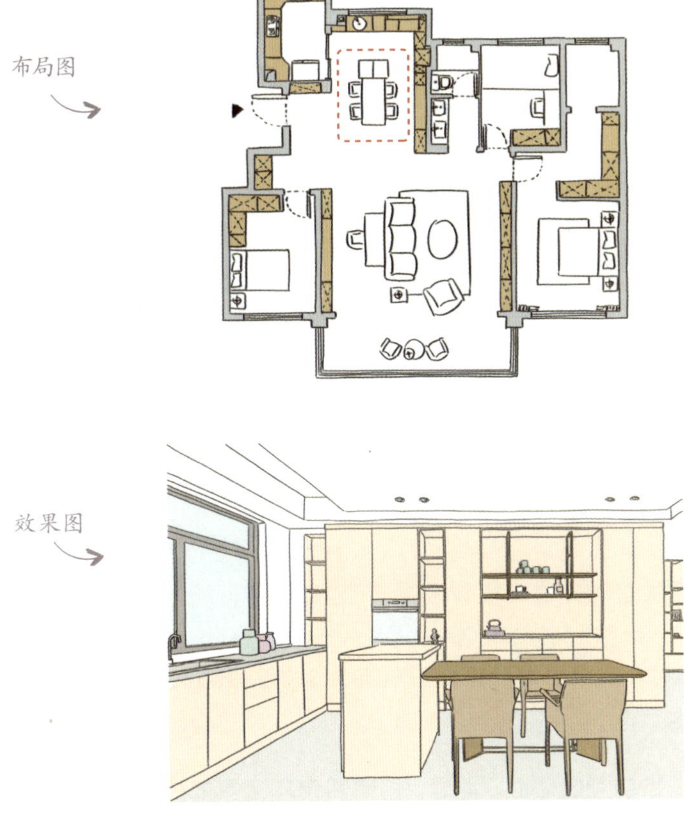

定制柜进场安装注意事项：

1.墙面钻孔前，要标识出水电线路；
2.做好墙面、地板保护。

▶ 4.第四步：电器选择

电器选择可与定制家具同步进行，需嵌入定制柜里的电冰箱、洗衣机等，要提前确定尺寸，看看电位插座是否合理。

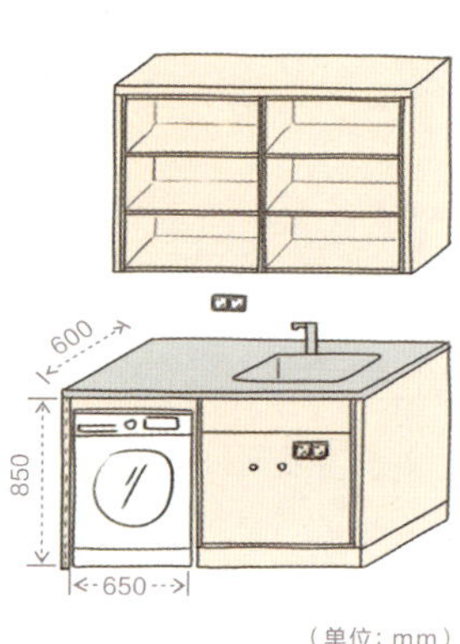

（单位：mm）

▶ 5.第五步：成品软装

选购成品软装时要确定摆放位置、尺寸和颜色。

◎ **尺寸**：太大或太小都会造成空间布局失衡，采购时可以让卖家提供空间尺寸推荐。

◎ **颜色**：综合考虑墙面、地面、门窗和定制家具的颜色，同色系一般不会出错，若觉得单调，就用装饰画、绿植点缀跳色。

一些具体的改造好方法，看过不亏

精装房多是流水化作业，只能满足一些基本居住需求，风格上更是千篇一律。想要个性化的梦想家，还要改！改！改！

先满足生活居住的需求，再满足个性化的审美需求，预算吃紧的情况下，优先做深层功能改造。

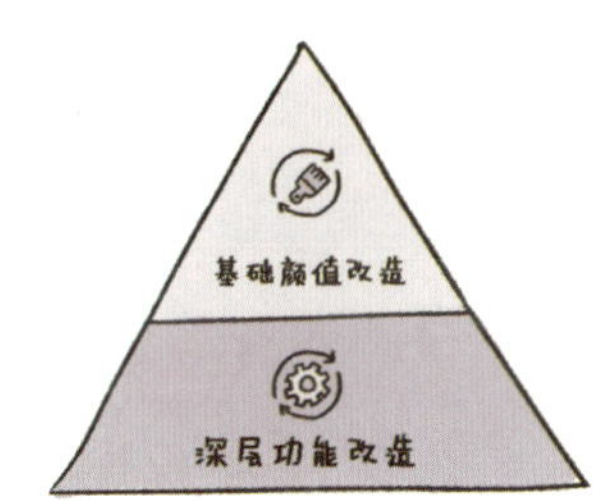

1.深层功能改造：空间变身魔法

1 超强收纳柜代替奇葩背景墙

改造前

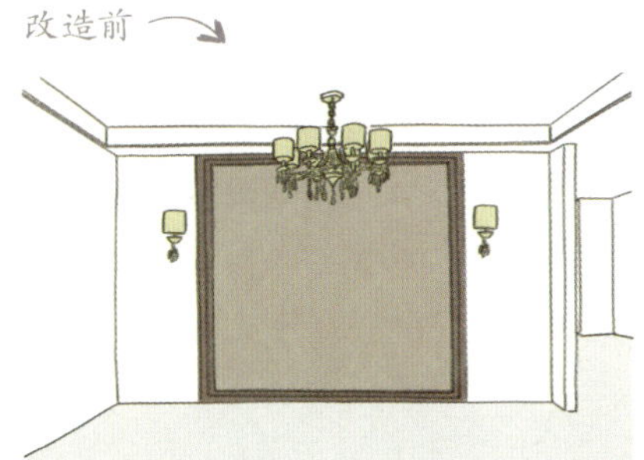

电视背景墙是老套的硬包，收纳空间不合理，色调暗，空间易给人带来沉重感。

拆掉了硬包部分，重新设计组合柜体，收纳空间增加了好几倍，干净的木纹色给视觉减负。

原来的硬包拆掉后，墙体因为有柜子的遮挡只需要做简单的找平和修补即可。

2 定制柜改善电源点位，还能布置灯带，营造氛围

改造前

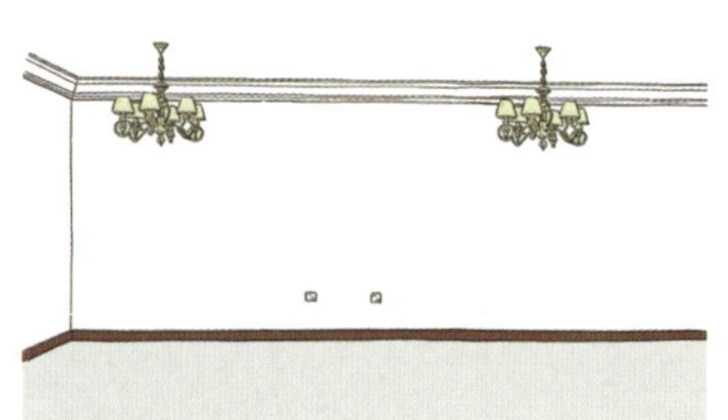

客餐厅只有沙发旁有插座，无法满足电源使用需求。

改造后

原有插座引线至餐边柜中部，供咖啡机等小家电使用，墙板隐藏灯带增强客餐厅氛围。

3 收纳扩容，动动墙体也划算

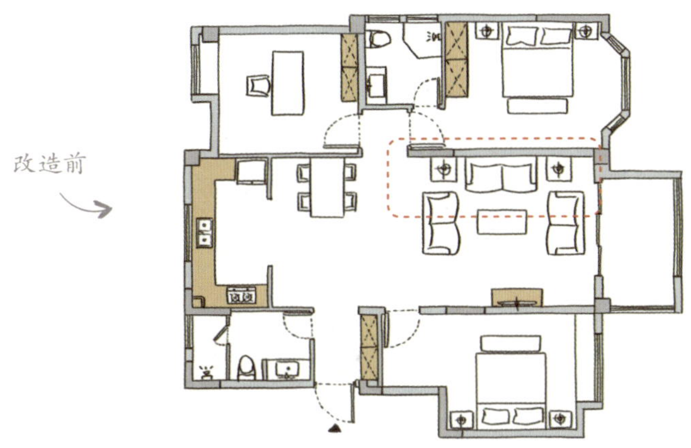

厨房封闭，与客餐厅无交流，餐厅无收纳空间，卧室衣柜的收纳空间也不够。

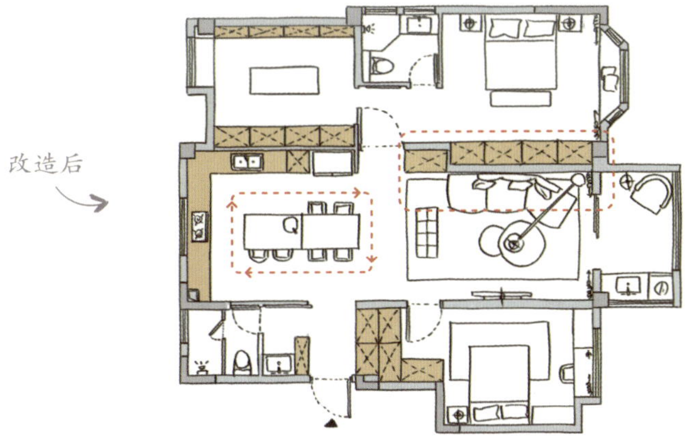

拆除厨房墙体，客餐厨一体化，增加收纳空间的同时，围绕餐厨岛台形成洄游动线。卧室墙体向客厅外移，布置整排定制柜增加收纳量。

▶ 2.基础颜值改造：个性化的梦想家

➡1 墙面改造

精装配置的花墙纸、粉色漆、金色硬包背景墙……

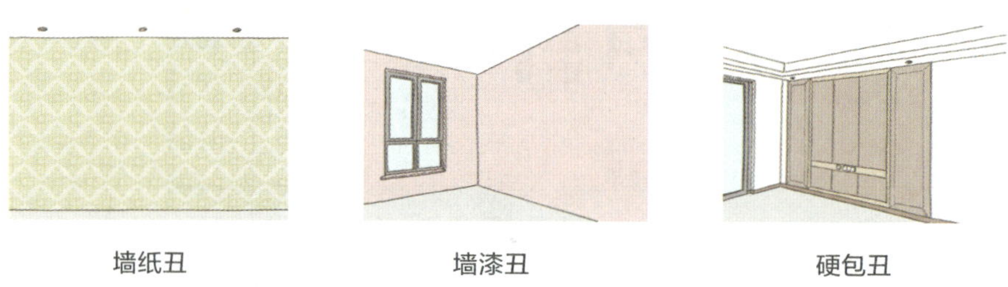

墙纸丑　　墙漆丑　　硬包丑

可以直接重新刷漆或铺墙纸，也可以利用定制柜、石膏线、护墙板、木饰面来优化。注意，墙面改色和墙纸换新都需要重新处理墙面。

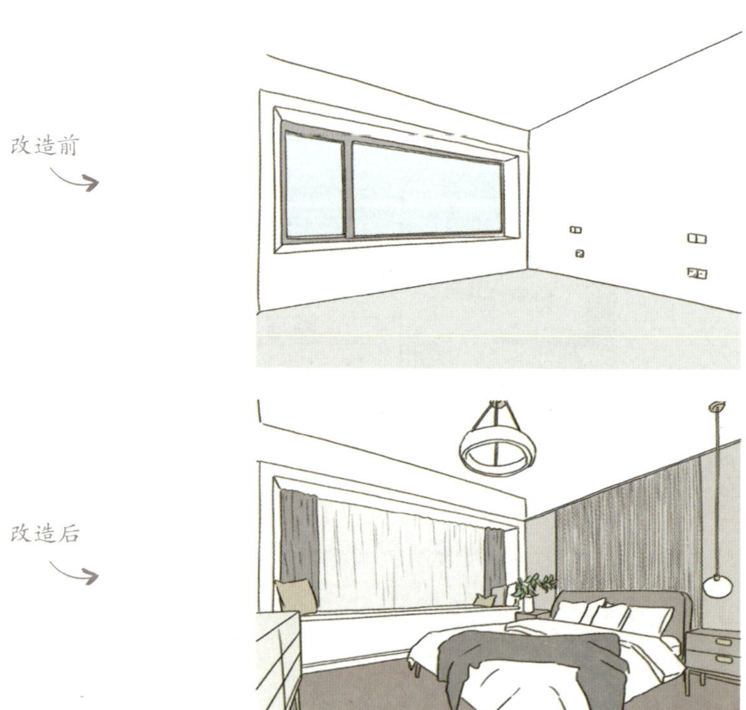

2 入户门改造

土味猪肝色标配门，不好看也不好搭配。

◎ 刷漆翻新，土味变复古。

入户门做了黑色漆面处理，土味餐厨空间升级为复古风。

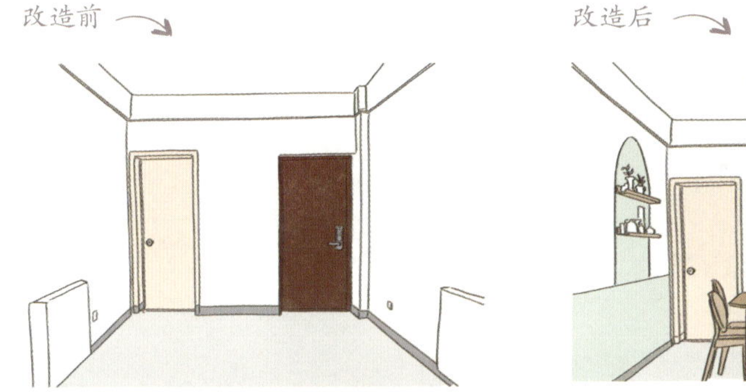

◎ 毛毡门改造，DIY遮丑大法。

带背胶的毛毡，轻松一贴，遮丑变身，随时更换，简单方便。

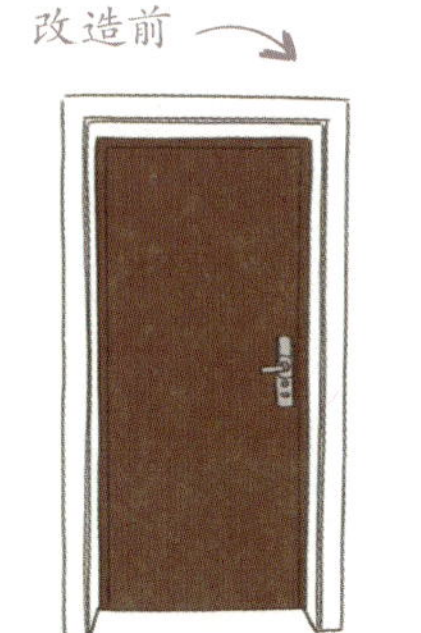

家里有宠物的话，这种方法就别用了，尤其是养猫猫，你会发现换毛毡的速度赶不上它磨爪的速度。

3 地面改造

精装房标配地面是酱色系地板或者烂大街的地砖花色，还有大块的波打线。

◎ 预算充足的话，可直接拆除原有地板，重新铺设地板。

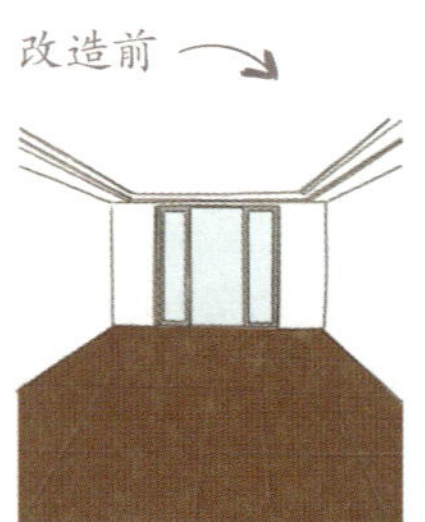

◎ 铺上喜欢的风格地毯，和家具统一色调，弱化地板或波打线。

◎ 搭配同色系家具、吊顶，弱化酱油色地板的突兀感。

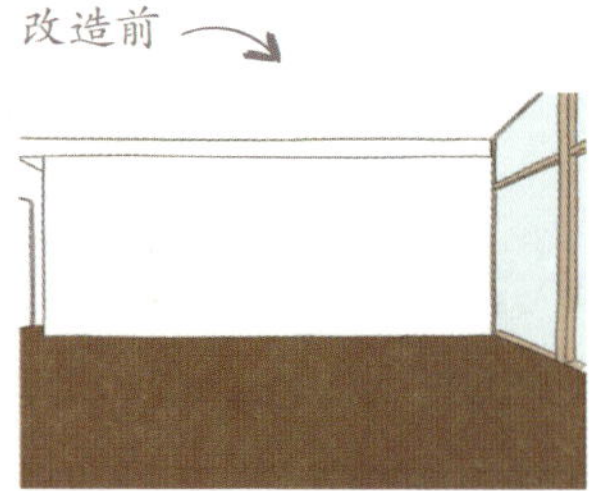

4 吊顶改造

现在很多精装房都标配中央空调或者新风系统，因此本身就有吊顶。

在不影响层高、不用更换天花板灯具的情况下，吊顶可以不动。如果觉得原始吊顶太复杂，可以拆除或简化吊顶。

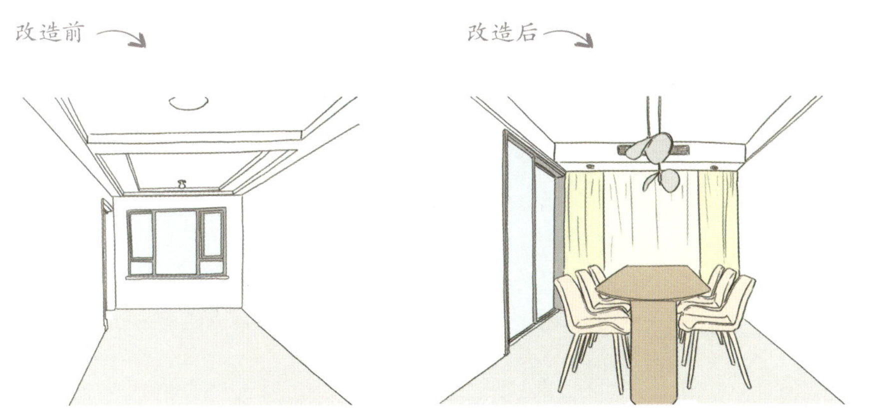

原始户型没有吊顶的，可以按需增加，适应全屋的新风系统、中央空调安装等。吊顶的优化也有利于全屋灯光的重新设计，实现无主灯照明。

5 软装搭配

借助摆件、挂画、绿植和室内灯光的组合变化，可以营造出不同的风格氛围。

◎ 色彩搭配：面积大的物品选用低饱和度的颜色，舒适、高级又耐看。

关于色彩搭配可以跳转至本书第6章“给家一点‘颜色’瞧瞧”。

◎ 材质：不同材质元素的运用可以打造不同的风格。木质、藤编材料，简约温润，适合日式风格。

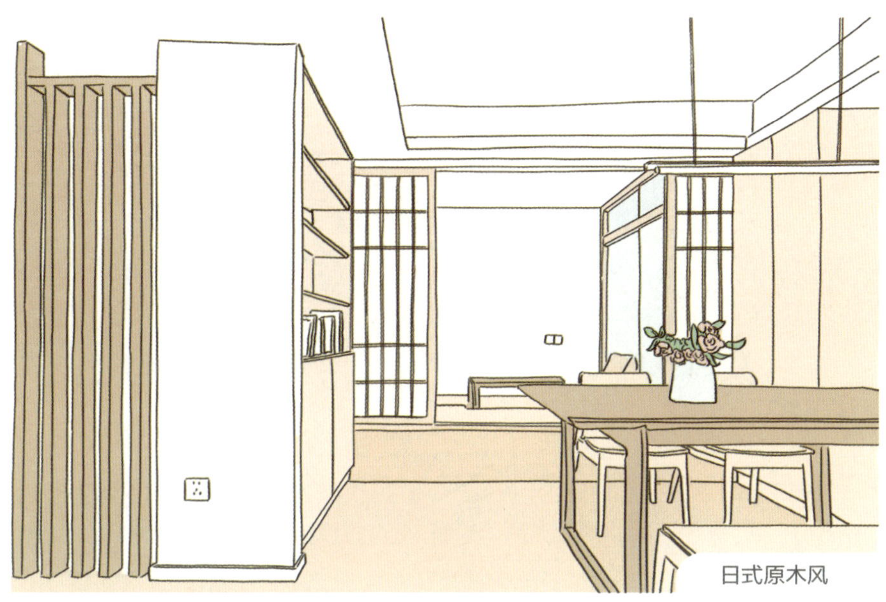
日式原木风

美式风

北欧风

丝绒、金属、皮革等材质，有利于提升空间格调，适合意式轻奢、美式风格。

对于北欧风格和现代风格来说，黑白灰+木纹的组合不易出错。

◎ 软装与硬装呼应：软硬装在细节上适当呼应，例如定制柜开放格与攀岩墙、地板在颜色和材质上呼应。

◎ 比重：画作、抱枕等摆件是空间的点缀，整体占比控制在10%以内，以免喧宾夺主。

◎ 灯光：主辅灯组合，轨道灯、落地灯、筒灯和定制家具灯带都可以辅助照明，渲染空间氛围。

理想的房子，
藏着理想的生活。
开始打造精装房，
营造个性化的梦想家吧！
和家
好好相处

第10章

家有萌宠,是时候做出改变了

「喵星人、汪星人来袭,用舒适的家俘获萌心」

当代年轻人的理想日子:有房有车,猫狗双全,享受宠物陪伴的自在生活。

萌宠之家

嗨，我是小橘，喜欢干净，宅家星人。

01

汪汪汪！我是大黄，最喜欢跟着主人去散步了。

02

听说这次要给我们造个家，赶紧来瞅瞅。

03

欢迎可爱的小橘和大黄，一起来看看，一名合格的“铲屎官”会为你们准备什么样的家吧！

为宠物们规划好活动范围

猫狗都有特定的生活习性，要为它们规划好地盘，便于把握宠物的活动轨迹。

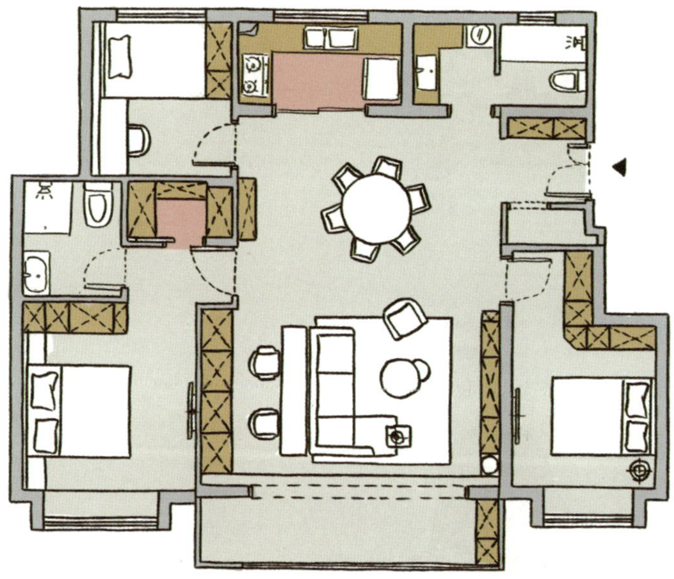

尽量不去的地方

可以自由出入的地方

▶ 1.小橘可以自主出入的区域

阳台

◎ 阳台：吃喝拉撒的主战场，猫粮、清洁工具也都可以放在这里。

客厅

◎ 客厅："毛孩子"的游戏天堂，"上天入地"无所不能。

卧室

◎ 卧室：香香软软的"毛孩子"，睡觉时比抱枕手感好多了。

卫生间

◎ 卫生间：单独在这里打造一个如厕区，铲屎、清洁更方便。

▶ 2.需要主人陪同小橘才可进入的区域

◎ 厨房：喵星人的技能超乎你的想象，开水龙头很难吗？

◎ 衣帽间："躲猫猫"、乱抓衣物，最可恶的是所到之处沾的都是毛毛……

▶ 3.大黄的活动空间

大黄性格温和，不爱上蹿下跳，全屋都可以作为它的活动空间。

爱宠们的精力无限，家也要做好防护

习性使然，它们热衷拆家搞破坏，

打也不是骂也不是，如何把伤害降到最低呢？

▶ 1.墙体材质

◎ 光滑的墙面：耐刮、防脏、易清理，如上漆墙面、烤漆玻璃、美耐板等。

◎ 护墙板加持：加装护墙板，选择易打理的材质，应对喷尿和磨爪行为。

▶ 2. 地板材质

尽量不要用纯实木、光滑透亮的地板。

◎ 地面容易打滑：爱宠们在屋内奔跑，可能会出现摔倒、撞伤等情况。

◎ 损害代价高昂：撒尿或者“刨地”，特别废地板。

我们可以这么做：

◎ 地板：选不易抓取又好走的材质，例如耐磨地板、雾面地砖、木纹砖等。

◎ 地毯：局部铺设柔软防滑的地毯，例如割绒型地毯，绒毛短，不易勾宠物的爪子。

▶ 3. 安全隐患

爱宠们喜欢在屋内追逐玩耍，即使主人在场的情况下，也很难保证不会有意外发生。以下两点，“铲屎官”们需要特别注意：

➡ 1 绳类

喵星人天生对长绳类物品感兴趣，窗帘拉绳很容易造成小猫被缠绕窒息的意外，可以把拉绳改成窗帘拉棒。

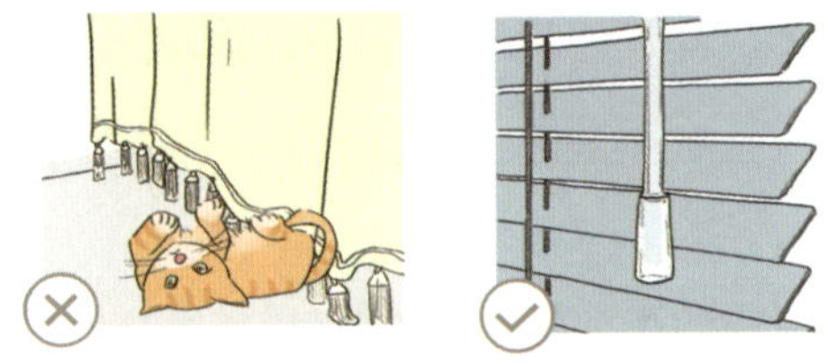

电线的存在，对喵星人都有“致命”的吸引力，它们极有可能会因为咬破电线而触电，因此平日里要记得随手拔掉电源。在装修前期，要把四散的电线归置整齐，尽量不要让电线裸露在外。在装修期间，可以在电视机背后的墙内暗藏PVC管道，把电线藏起来。

如果你家的猫用的是自动投喂器，要提前规划摆放位置，预留好插座，尽可能少用插排或不让电线裸露，不用时记得插上保护套。

2 窗户

有猫的家庭，务必做好封窗和封阳台工作。窗户可采用双层式，一层为铝制纱窗，或其他坚固的封窗材料，开窗通风时保护猫不会跳出去，门窗可考虑加儿童锁。

抄笔记

家里有宠物的，这几种绿植不要养，宠物误食后果很严重哦：白掌、芦荟、虎皮兰、天堂鸟、万年青、尤加利、常春藤等。

喵星人篇

▶ 1.玩耍空间

猫咪都是爬高上低的“运动健将”，“铲屎官”不妨为喵星人设计专门的猫走道。可以布置在客厅上方，其宽度和梁的宽度差不多，与天花板之间保留300~350 mm的距离。

➡ 1 猫通道

咱家的通道四通八达，不一定要走完全程，中途随时可以“下车”，全凭我的心情。

根据家里有几只猫来设计通道的宽度，通常预留200~250 mm即可。如果是多猫家庭，要考虑拥堵的可能，在空间允许的情况下，可以预留300 mm以上。

有一说一，猫通道虽好，但清洁是大问题。

封闭式猫道，遇到喵星人乱撒尿或是呕吐的情况，清洁难度巨大。可以预留用来清理的洞口，保持猫道的清洁卫生。

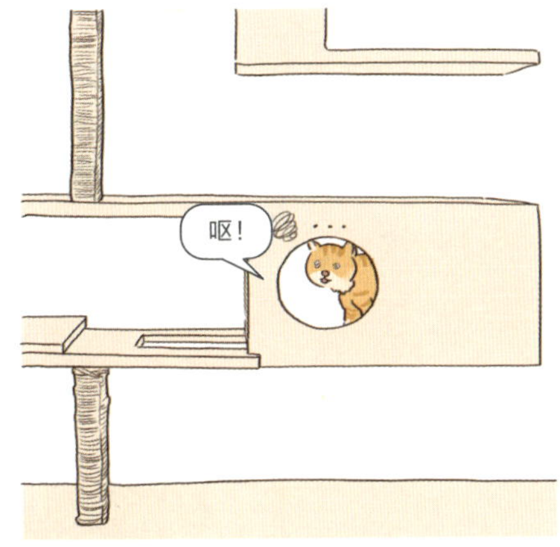

2 猫阶梯

墙面是喵星人活动可以利用的地方，而且对“铲屎官”的生活干扰也相对较小。安装上踩踏层板用来通行，深度200~250 mm即可。

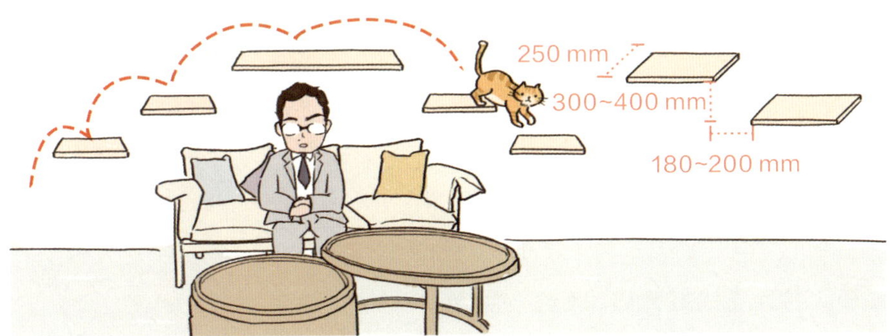

层板与层板之间的高差为300~400 mm，间距控制在180~200 mm。台阶的动线设计原理和猫通道相似，也要设计好上下路径，有始有终，猫咪通常不会回头哦。

◎ 喵星人的温馨提示

与其每次回家都要上演“你逃我追”的戏码，不如考虑加装二道门，防止喵星人离家出走。此方法适用于家中有独立玄关的户型。

喵星人总是充满好奇心，收纳柜抽屉要采用不容易被爪子勾开的设计。

3 猫洞

卧室、卫生间等空间的门上都可以开猫洞，既不破坏原有房门，猫咪们又可以通过门洞自由进出，不受限制。

亚克力猫门材质轻便好推，也可以选择定制猫门，实木材质和左右开关方式相结合，可以让“铲屎官”控制上锁，更加安全。

门洞尺寸要根据喵星人的体型来定，常规留200~250 mm就可以通行。门洞不要紧贴门缝，至少保留50 mm 距离。

2.休息空间

喵星人也是领域性强的物种，需要自己的“小天地”来确保自身的安全。

1 猫屋

猫屋主要用来藏身，能让喵星人在猫屋里自由伸展即可。猫屋所需空间尺寸至少600 mm（长）×300 mm（深）×400 mm（高）。

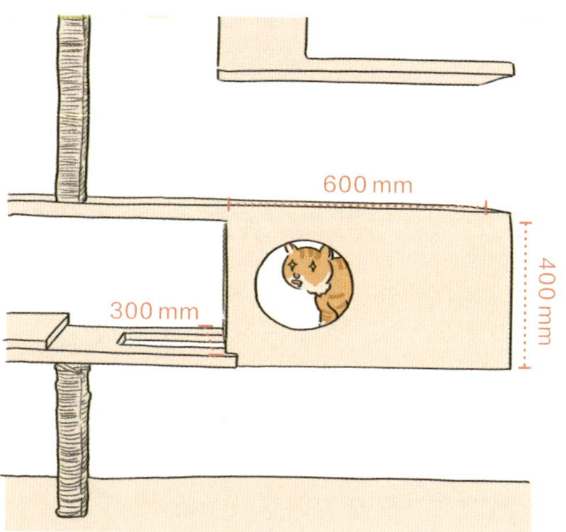

2 猫柜

除了休息，猫柜里还能安排猫砂盆，柜的高度控制在450~500 mm，避免喵星人撞头。关上柜门，美观无异味。

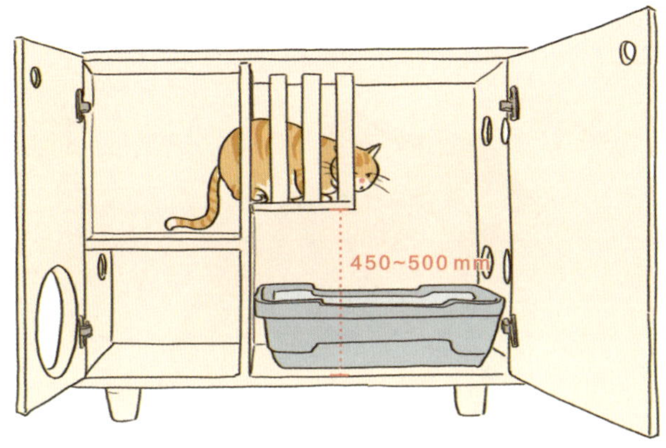

抄笔记

家里来了新成员或生病了需要隔离，都可以把猫柜改造成隔离房。整体尺寸起码需要900 mm高、600 mm深。

3 独立猫房

如果是多猫家庭，空间足够时，为它们提供一间专属猫房当然更好，一次性满足玩耍、休息和收纳。墙面设计层板供猫咪玩耍，定制柜收纳猫粮、清洁工具等，底部开放，放置猫砂盆。

▶ 3.如厕空间

对于拉粑粑这回事，喵星人还是比较有仪式感的。它的粑粑有多臭，只有“铲屎官”才知道，还是推荐放到卫生间里哦。

猫砂盆巧妙隐藏在卫浴柜里，铲屎工作也更流畅：铲屎→马桶冲掉→洗手，一气呵成。

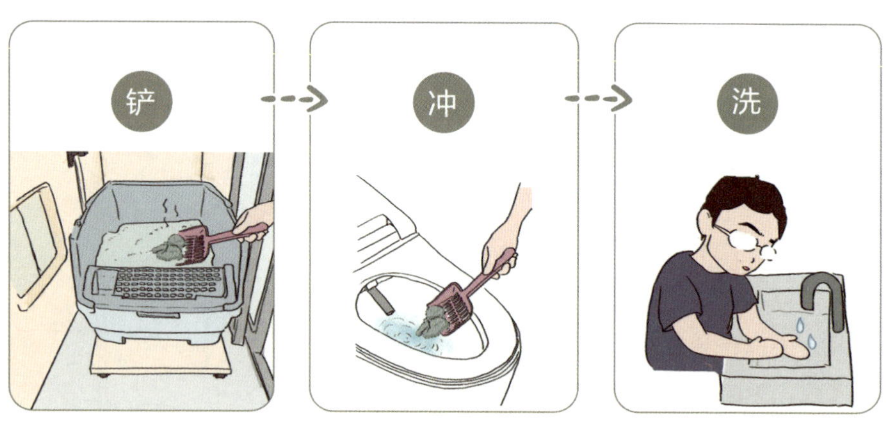

汪星人篇

▶ 1.休息空间

1 内嵌楼梯

利用楼梯下方的空间安置狗屋，不浪费空间。根据你家的户型、面积和犬类体型，可以把空间切成倒三角形、长方形和半圆弧形。

倒三角形　　长方形　　半圆弧形

空间充足时，可以在定制家具的时候，在狗屋下方做一组抽拉柜，放上喂食器。

2 内嵌柜子

桌柜、书柜、玄关柜，只要是柜子，都可以把柜体下方空出1 m²，打造成狗屋。

中大型犬的狗屋，可以把深度留深一些，这样汪星人蜷缩不会难受。狗屋里放尺寸合适的软垫，睡起来更舒服。

3 独立狗屋

豪华版汪星人狗屋，可以根据汪星人的身型、体重和小癖好来定制。

尺寸对照表在此，自行领取：

长×深×高	重量	脚踏网	厕所托盘	适合宠物
70 cm×56 cm×65 cm	15 kg	√	√	5斤左右宠物
83 cm×71 cm×77 cm	19 kg	√	√	15斤左右宠物
100 cm×71 cm×77 cm	23 kg	√	√	25斤左右宠物
122 cm×71 cm×77 cm	28 kg	√	√	40斤左右宠物

◎ 汪星人的温馨提示

垃圾桶里可能暗藏对我们构成危险的食物或物品，不想让我乱翻，就藏到柜子里。柜门上开设投掷口，投掷口高度小于 70 mm，离地 500 mm 以上，我就进不去啦。

▶ 2.清洁问题

汪星人每天都要出去撒欢，清洁工作要比喵星人更麻烦。

➡ 1 玄关清洁区

若玄关临近水源，可以设置洗手池，遛弯回来在门口就能把汪星人的脚洗干净。

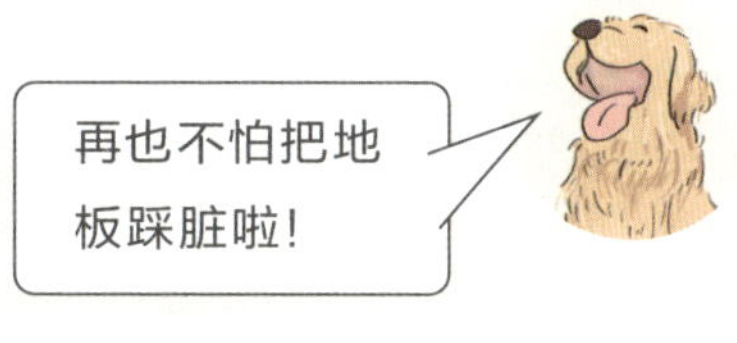

宠物用品集中收纳在生活玄关空间内，外出用品（遛狗绳、拾便器等）一并拿取，不会遗漏。大包装的狗粮存放在玄关中，每天按量取用即可。

2 宠物洗澡区

一般来说，汪星人洗澡都在卫生间淋浴区完成，如果动线不合理，洗完之后，可能还要以百米冲刺的速度抱去阳台晾干。另一方面，弯腰洗，蹲着洗，尤其洗大型犬更累。台面高度很重要！

卫生间地面抬高，高度控制在500~900 mm，大型犬的话，这个高度在500 mm左右即可；上方定做开放架，放汪星人的洗浴用品，拿放都方便。

养宠物其实是互相治愈的过程。
考虑好再加入『铲屎官』大队，
为避免造成伤害，
推荐领养代替购买。